우리 아이 수학 고민 해결! 『그리는 초등 수학』으로 시작하세요! 

현장에서 아이들을 지도하며 깨달은 것은, 저학년 수학이 쉽다고 해서 안심할 수 없다는 점입니다. 학년이 올라갈수록 수학은 추상적이고 깊이 있는 이해가 필요합니다. 이때 기초 개념이 부족하면 앞으로 수학을 공부할 때 어려움을 겪을 수밖에 없습니다. 그렇기에 많은 부모님들이 아이에게 수학 공부를 어떻게 시켜야 할지 고민하고 계십니다.

실제로 기초 이해가 제대로 잡히지 않은 채 초등 저학년에서 고학년으로 넘어가면 아이들이 수학을 점점 힘들어하는 모습을 보입니다. 그리고 이러한 경험은 중학교, 고등학교 수학 학습에도 고스란히 영향을 미칩니다.

왜 『그리는 초등 수학』일까요? 

초, 중, 고 12년 수학의 튼튼한 뼈대를 세우는 초등 수학 과정에는 학생들이 정확히 이해했는지 꼼꼼하게 확인하고, 다음 단계로 넘어가야 하는 핵심 주제들이 있습니다.

첫 번째 핵심 주제는 초등 교과 과정 2학년에 배우는 '구구단'입니다. 단순해 보이지만 절대 쉽지 않은 구구단은 3학년의 '두 자리 수의 곱셈과 나눗셈', 5학년의 '통분과 약분'의 기초가 되는 핵심 개념이라 아주 중요합니다. 구구단을 정확하게 외우지 않고 3학년이 된 학생들은 '두 자리 수의 곱셈과 나눗셈' 부터 어려워하기 시작하고, 이후 5학년 때 '통분과 약분'을 배우면 따라 오지 못해 수학 과목 자체를 멀리하게 되는 경우가 많습니다.

두 번째로 4학년에서 학습하게 되는 '평면도형의 이동'은 개인의 공간 감각의 차이에 따라 아이들이 특히 어려워하는 핵심 주제입니다. '평면도형의 이동'은 5학년의 '합동과 대칭'의 중요한 기초 개념이 되고, 이후 중학 수학에서의 도형의 합동과 닮음으로 확장됩니다.

세 번째로 아날로그시계와 다양한 시험에서 여러 가지 형태로 출제되는 달력 역시 많은 아이들이 공통으로 어려워하는 주제입니다.

『그리는 초등 수학』은 이처럼 반드시 이해하고 학습해야 하는 주제, 그리고 많은 학생이 유독 어려워하는 주제들을 선별하여 꼼꼼하게 다룹니다. 물론 수학의 영역과 주제별로 학생 개개인의 체감 난이도가 다를 수 있습니다. 초등 수학은 아이들의 인지 발달에 맞춰 체계적으로 구성되어 있습니다. 그래서 어려워하는 주제가 있다면 지나치지 않고 기초부터 정확하게 배우며, 충분한 반복 연습을 통해 확실히 익히는 게 좋습니다.

『그리는 초등 수학』은 이러한 어려움을 정확하게 파악하고, 아이들이 수학을 더 이상 어려워하지 않고, 즐겁게 공부할 수 있도록 돕는 든든한 길잡이가 될 것입니다.

『그리는 초등 수학: 시계와 달력』

- 분 단위로 세세하게 나누어 모든 시각을 읽어 보는 것부터 1시간, 1일, 1주일, 1개월, 1년의 시간 개념까지, 실생활과 밀접하게 관련된 시계와 달력을 쉽고 재미있게 이해하도록 돕습니다.
- 추상적인 시각과 시간의 개념을 다양한 그림과 활동을 통해 시각적으로 제시하여 아이들의 이해도를 높입니다.
- 시간의 단위를 이해하여 계획적인 생활 습관 형성에 도움을 줍니다.

『그리는 초등 수학: 구구단』

- 곱셈과 나눗셈의 기초가 되는 구구단을 단순 암기가 아닌, 원리부터 이해하도록 돕습니다.
- 뛰어 세기, 묶어 세기, 같은 수 더하기 등의 구구단 원리를 시각적 자료로 보여 주고, 반복 연습을 통해 구구단을 자연스럽게 익히도록 유도합니다.
- 높은 구구단, 헷갈리는 구구단의 값을 쉽고 정확하게 찾는 방법을 제시하여 구구단을 완벽하게 마스터합니다.

『그리는 초등 수학: 평면도형의 이동』

- 밀기, 뒤집기, 돌리기 등 아이들이 어려워하는 평면도형의 이동 방법을 도형의 기본 요소인 점부터 시작하여 선, 면으로 확장하며 체계적으로 설명합니다.
- 뒤집기와 돌리기를 방향별, 각도별로 나누어 학습함으로서 공간 감각을 높이고, 도형의 이동 규칙을 찾아 논리적 사고력을 키웁니다.
- 기하학적 사고의 기초를 다져 미래의 수학 학습에 긍정적인 영향을 줍니다.

초등학교 2학년이 되면 아이들은 곱셈이라는 새로운 수학적 개념과 마주하게 되며, 그 중심에 있는 것이 바로 '구구단'입니다. 구구단은 초등 수학의 기초 체력과 같아서 이를 완벽하게 익혀야 이후에 배우게 될 수학 개념들을 어려움 없이 소화할 수 있습니다. 그러나 많은 아이들이 구구단을 단순히 암기해야 하는 부담스러운 과제로 여깁니다.

『그리는 초등 수학: 구구단』은 아이들이 구구단을 쉽고 재미있게 익힐 수 있도록 구성된 교재입니다. 이 책은 단순 암기를 강요하지 않고, 구구단의 원리를 아이들의 눈높이에 맞춰 설명하여 수학적 이해를 돕습니다. 다양한 그림과 활동을 통해 아이들은 즐겁게 구구단을 익히며, 자연스럽게 수학에 대한 흥미를 가질 수 있습니다.

특히, 『그리는 초등 수학: 구구단』은 곱셈의 다양한 원리를 보여 주어 지루하지 않게 연습을 합니다. 이를 통해 아이들은 수학의 기초를 탄탄히 다지며, 나아가 수학에 대한 자신감을 키울 수 있습니다. 초등학교 교사로서 이 책을 강력히 추천합니다.

홍지은 선생님 (구평남부초등학교)

우리 아이가 구구단을 너무 어려워해서 걱정이 많았는데, 『그리는 초등 수학: 구구단』을 만난 후 모든 걱정이 사라졌어요! 이 책은 예쁜 그림과 친절한 설명으로 아이가 지루해하지 않고 재미있게 구구단을 익힐 수 있도록 도와줍니다. 특히 구구단의 원리를 이해하기 쉽게 설명해 주어 아이가 단순히 외우는 것이 아니라, 구구단의 개념을 자연스럽게 습득하는 모습이 인상적이었어요.

『그리는 초등 수학: 구구단』 덕분에 아이는 수학에 대한 자신감을 얻었고, 이제는 다양한 문제를 스스로 풀어 보려고 해요. 이 책을 통해 아이가 수학을 더 이상 어려운 과목이 아닌, 즐겁고 흥미로운 과목으로 받아들이게 되어 부모로서 정말 기쁩니다.

김주현 (만 8세 자녀를 둔 부모)

『그리는 초등 수학』 구구단은 이렇게 특별해요.

뛰어 세고, 묶어 세고, 더하면서 구구단을 반복하여 연습할 수 있어요.

다양한 시각적 표현으로 구구단을 반복하여 보고 읽고, 쓰면서 익숙해집니다.

뛰어 세기 ■ 1 2 3 4 5 6 → $2 \times 3 = 6$

묶어 세기 ●●●●●● → $2 \times 3 = 6$

덧셈식 $2 + 2 + 2 = 6$ → $2 \times 3 = 6$

다양한 전략을 활용하여 구구단을 학습할 수 있어요.

구구단의 원리를 이용한 다양한 전략을 활용하여 구구단을 헷갈리지 않게 외웁니다.

수 세기 전략 7, 14, 21, 28, 35 → $7 \times 5 = 35$

$7 + 7 + 7 + 7 + 7$ → $7 \times 5 = 35$

구조화 전략

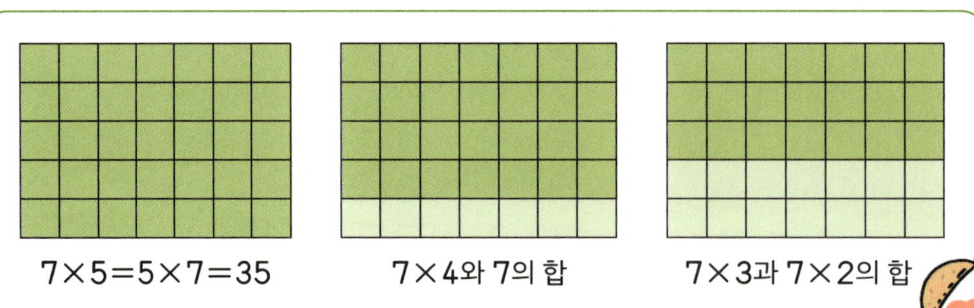

$7 \times 5 = 5 \times 7 = 35$ 　　 7×4와 7의 합 　　 7×3과 7×2의 합

『그리는 초등 수학』 구구단은 이런 점을 중요하게 다루었어요.

❓ 구구단 사이의 관계를 이해할 수 있어요.

구구단 사이의 관계를 파악하는 것은 구구단의 구조를 파악하고, 외우는 데 도움이 됩니다.

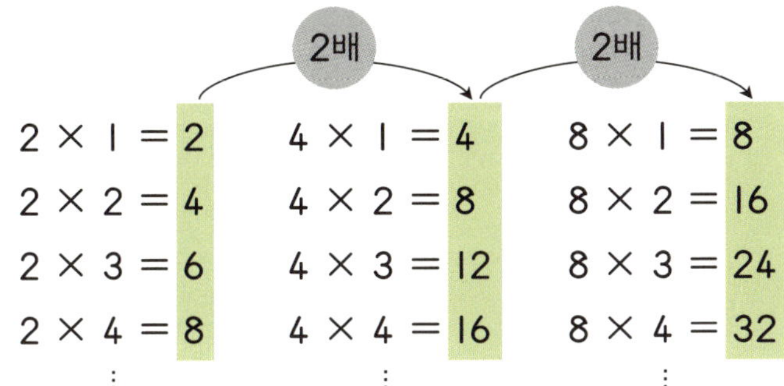

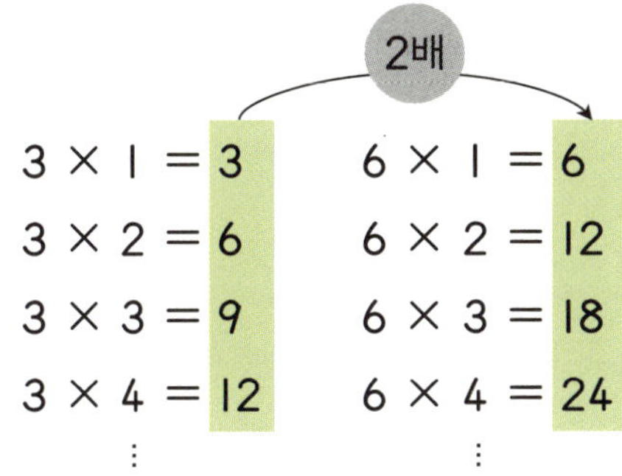

❓ 9×6=54?, 9×6=56? 헷갈리는 구구단을 쉽게 계산할 수 있어요.

구구단을 외울 때 곱하는 수가 클수록 값을 헷갈릴 수 있습니다. 이때, 두 수를 바꾸어 익숙한 구구단으로 바꾸거나 곱하는 수가 작은 곱셈식의 합을 이용할 수 있습니다.

바꾸어 곱하기

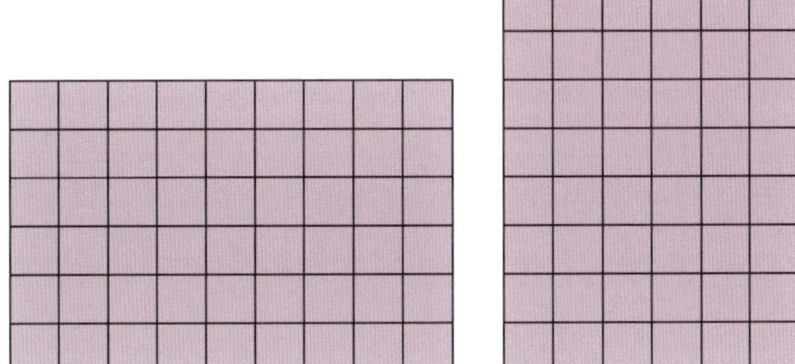

곱셈식의 합

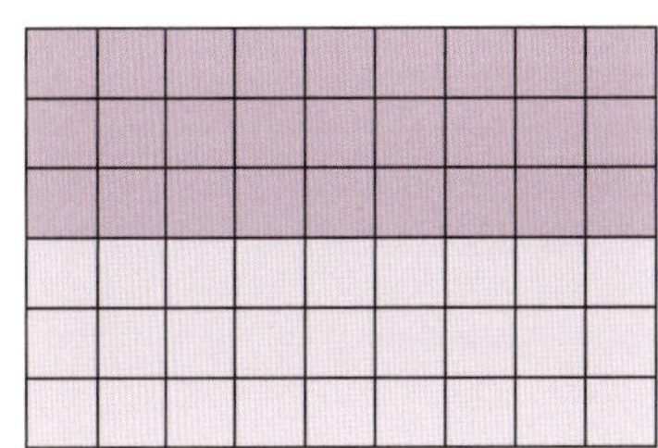

뛰어 세고, 묶어 세고, 더하면서 연습해요.

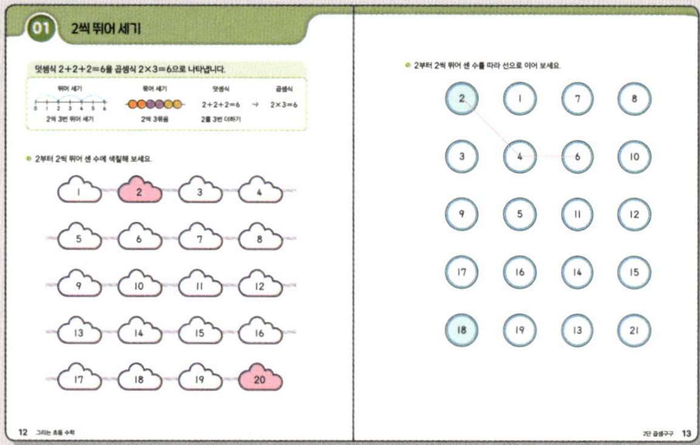

| 뛰어 세기

뛰어 세기를 이용하여 곱셈구구의 값에 익숙해집니다.

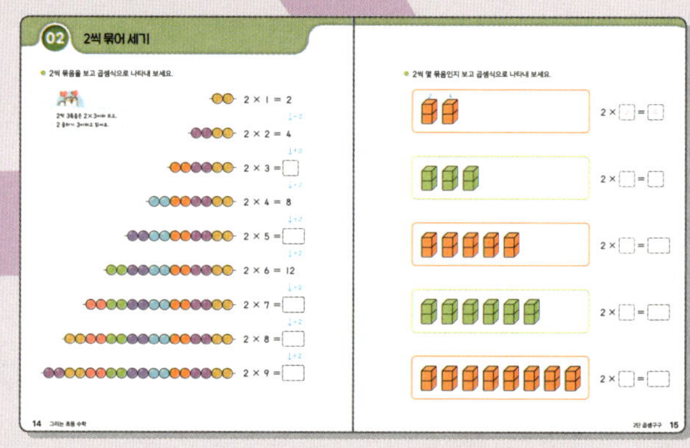

| 묶어 세기

묶음이 하나씩 늘어나는 것을 보면서 곱셈구구의 구성 원리를 알아봅니다.

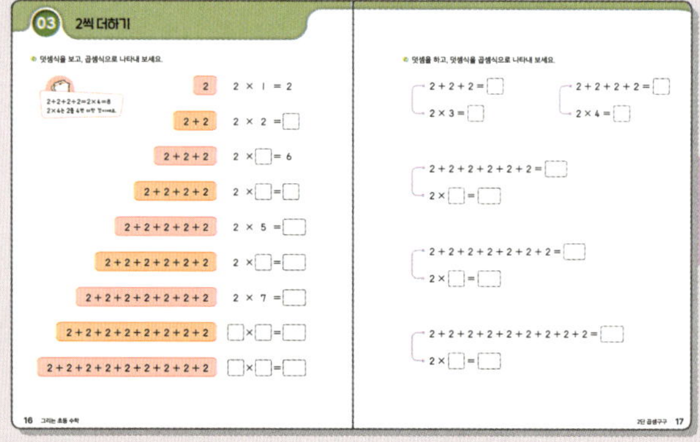

| 덧셈식

덧셈식을 곱셈식으로 나타내면서 곱셈구구의 값 사이의 관계를 파악합니다.

• 수학 그리기 •

곱하기 1부터 9까지, 곱하기 9부터 1까지의 구구단을 모두 쓰면서 구구단을 완성합니다.

● 덧셈식을 곱셈식으로 나타냅니다.

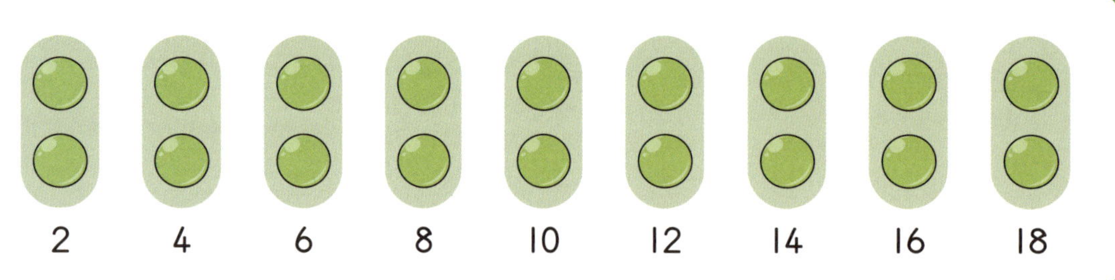

[묶어 세기]   2씩 9묶음은 18입니다.

[몇 배]   2의 9배는 18입니다.

[덧셈식] $2+2+2+2+2+2+2+2+2=18$

[곱셈식] $2\times9=18$

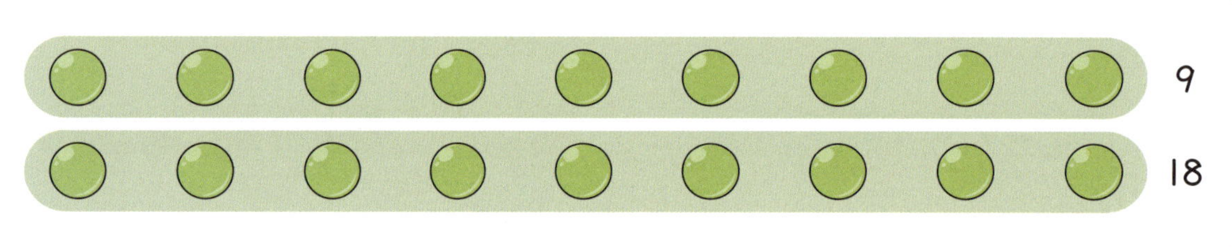

[묶어 세기]   9씩 2묶음은 18입니다.

[몇 배]   9의 2배는 18입니다.

[덧셈식] $9+9=18$

[곱셈식] $9\times2=18$

$3 \times 6 = 18$

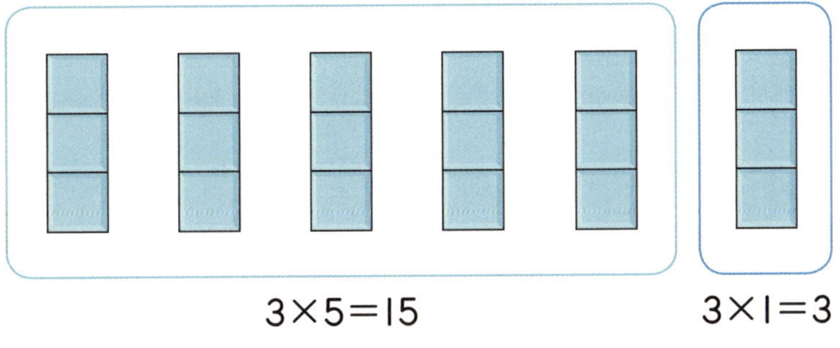

3×5에 3을 더합니다.

$15 + 3 = 18 \rightarrow 3 \times 6 = 18$

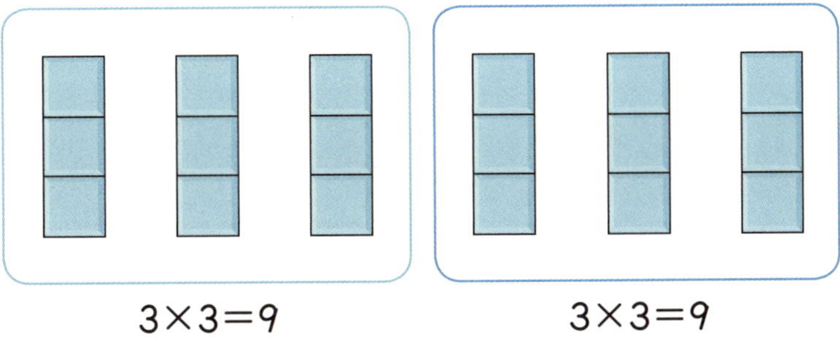

3×3을 2번 더합니다.

$9 + 9 = 18 \rightarrow 3 \times 6 = 18$

3×4와 3×2를 더합니다.

$12 + 6 = 18 \rightarrow 3 \times 6 = 18$

2단

$$2 \times 1 = 2$$
$$2 \times 2 = 4$$
$$2 \times 3 = 6$$
$$2 \times 4 = 8$$
$$2 \times 5 = 10$$
$$2 \times 6 = 12$$
$$2 \times 7 = 14$$
$$2 \times 8 = 16$$
$$2 \times 9 = 18$$

이 일은 이

이 이 사

이 삼은 육

이 사 팔

이 오 십

이 육 십이

이 칠 십사

이 팔 십육

이 구 십팔

뛰어 세기

2 4 6 8 10 12 14 16 18

+2 +2 +2 +2 +2 +2 +2 +2

2단 곱셈구구

2씩 뛰어 세기

덧셈식 2＋2＋2＝6을 곱셈식 2×3＝6으로 나타냅니다.

🔹 2부터 2씩 뛰어 센 수에 색칠해 보세요.

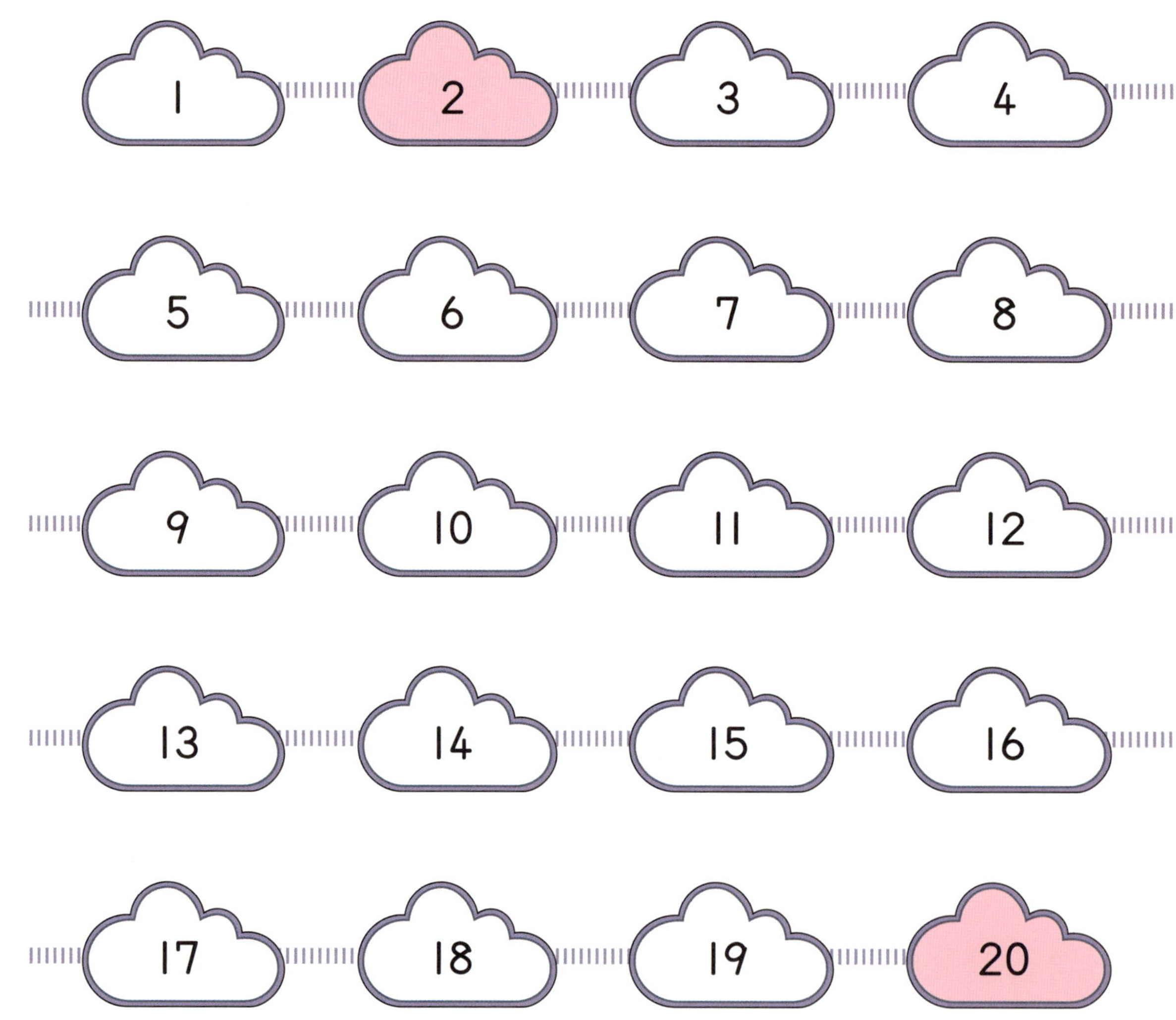

✿ 2부터 2씩 뛰어 센 수를 따라 선으로 이어 보세요.

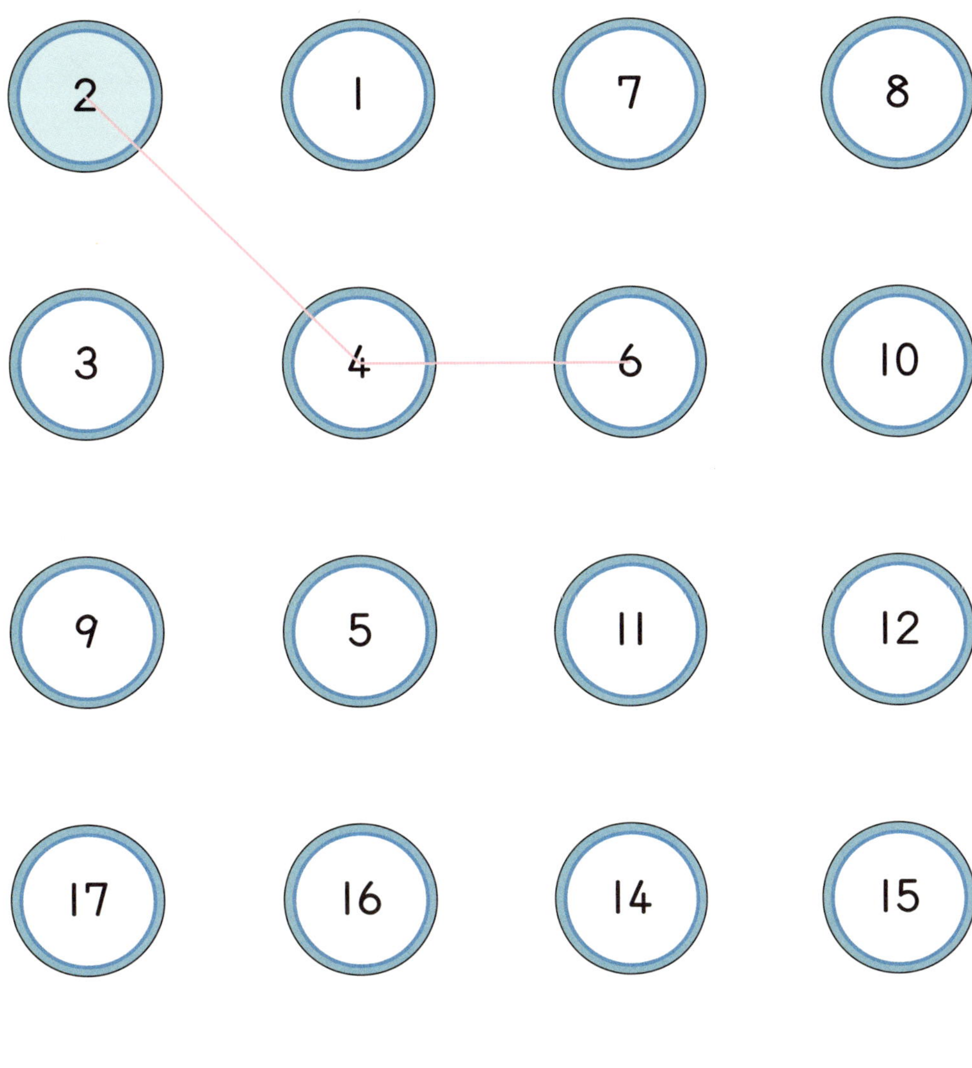

❂ 2씩 묶음을 보고 곱셈식으로 나타내 보세요.

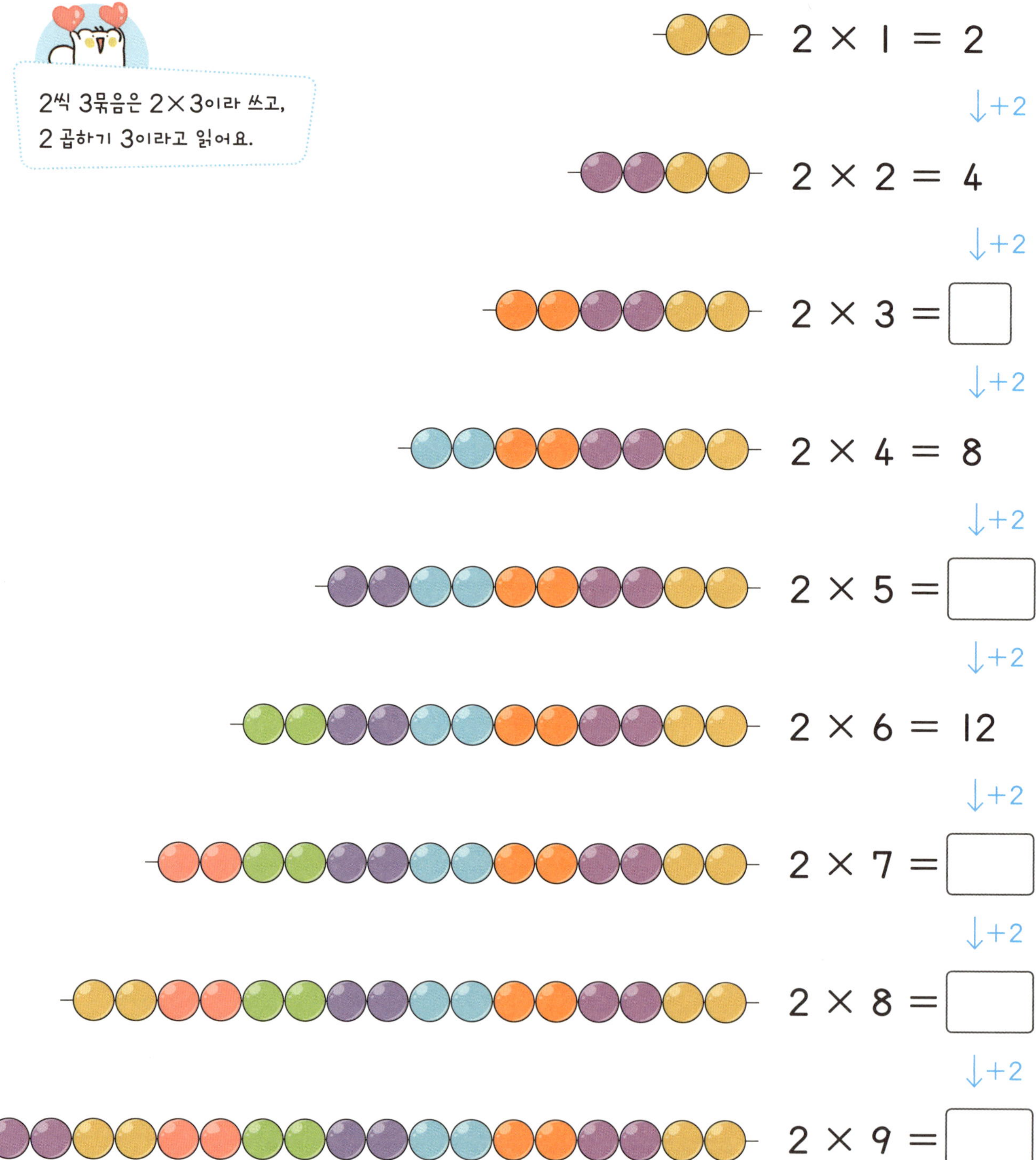

❂ 2씩 몇 묶음인지 보고 곱셈식으로 나타내 보세요.

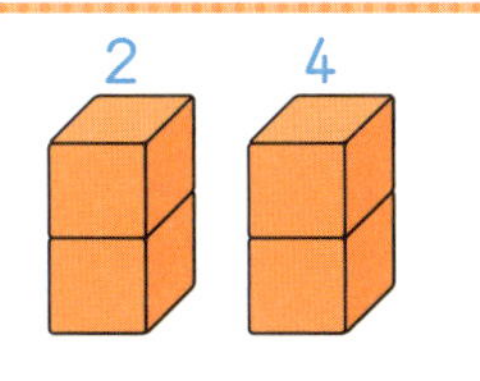

$2 \times \boxed{2} = \boxed{4}$

$2 \times \boxed{} = \boxed{}$

$2 \times \boxed{} = \boxed{}$

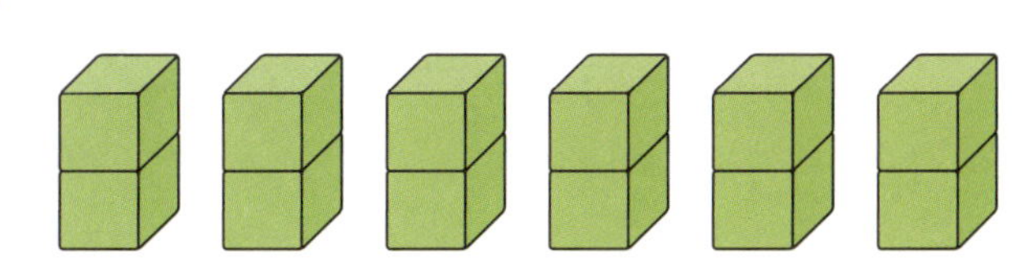

$2 \times \boxed{} = \boxed{}$

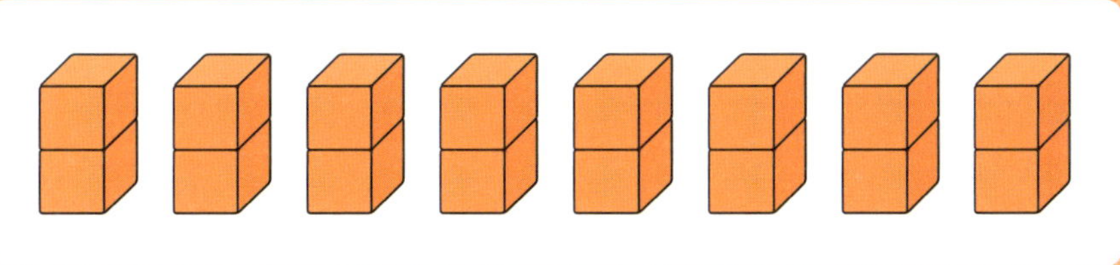

$2 \times \boxed{} = \boxed{}$

○ 덧셈식을 보고 곱셈식으로 나타내 보세요.

$2+2+2+2=2\times4=8$
2×4는 2를 4번 더한 것이에요.

2 　　　 $2 \times 1 = 2$

$2+2$ 　　　 $2 \times 2 = \boxed{}$

$2+2+2$ 　　　 $2 \times \boxed{} = 6$

$2+2+2+2$ 　　　 $2 \times \boxed{} = \boxed{}$

$2+2+2+2+2$ 　　　 $2 \times 5 = \boxed{}$

$2+2+2+2+2+2$ 　　　 $2 \times \boxed{} = \boxed{}$

$2+2+2+2+2+2+2$ 　　　 $2 \times 7 = \boxed{}$

$2+2+2+2+2+2+2+2$ 　　　 $\boxed{} \times \boxed{} = \boxed{}$

$2+2+2+2+2+2+2+2+2$ 　　　 $\boxed{} \times \boxed{} = \boxed{}$

❂ 덧셈을 하고, 덧셈식을 곱셈식으로 나타내 보세요.

$2 + 2 + 2 = \boxed{}$

$2 \times 3 = \boxed{}$

$2 + 2 + 2 + 2 = \boxed{}$

$2 \times 4 = \boxed{}$

$2 + 2 + 2 + 2 + 2 + 2 = \boxed{}$

$2 \times \boxed{} = \boxed{}$

$2 + 2 + 2 + 2 + 2 + 2 + 2 = \boxed{}$

$2 \times \boxed{} = \boxed{}$

$2 + 2 + 2 + 2 + 2 + 2 + 2 + 2 + 2 = \boxed{}$

$2 \times \boxed{} = \boxed{}$

높은 곱셈구구의 값은 낮은 곱셈구구의 합으로 구할 수 있습니다.

$2 \times 5 = 10$

$2 \times 4 = 8$ $2 \times 1 = 2$ → $8 + 2 = 10$

2×5는 2×4에 2를 더해서 구합니다.

$2 \times 5 = 10$

$2 \times 3 = 6$ $2 \times 2 = 4$ → $6 + 4 = 10$

2×5는 2×3에 2×2를 더해서 구합니다.

덧셈식을 보고 빈칸에 알맞은 수를 써넣으세요.

$2 + 2 + 2 + 2 + 2 + 2$

$2 \times 3 = \boxed{}$

$2 \times 3 = \boxed{}$

→ $2 \times 6 = \boxed{}$

$2 + 2 + 2 + 2 + 2 + 2 + 2$

$2 \times 5 = \boxed{}$

$2 \times 2 = \boxed{}$

→ $2 \times 7 = \boxed{}$

❂ 두 가지 색깔로 색칠하고, 곱셈식의 합으로 나타내 보세요.

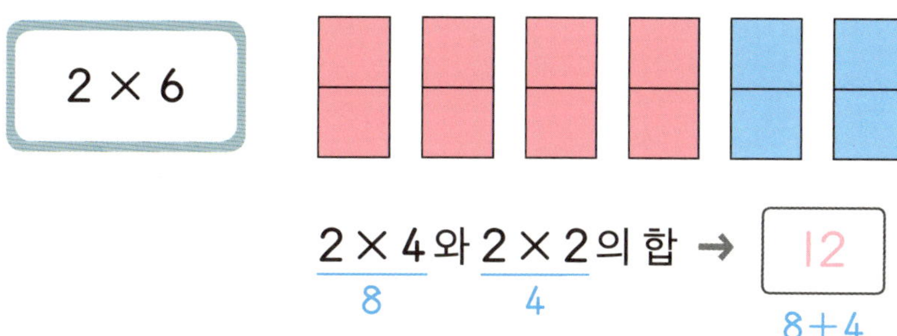

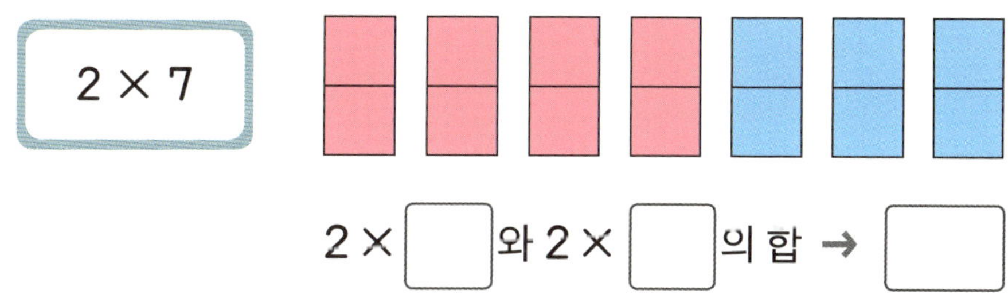

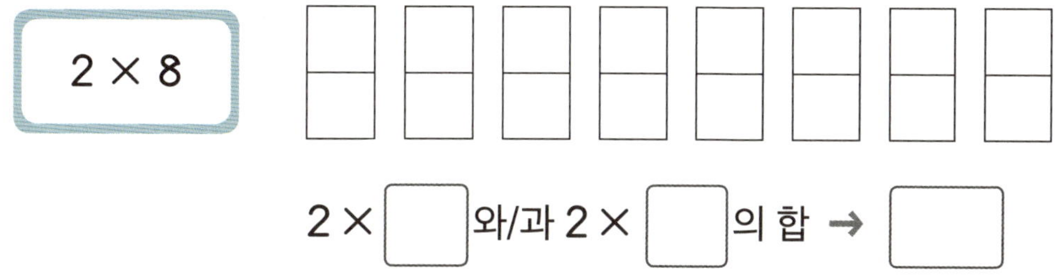

2 × 9

2 × □ 와/과 2 × □ 의 합 → □

● 2단 곱셈구구를 차례로 써 보세요.

이 일은
$2 \times 1 =$ _____ 2

이 이
$2 \times 2 =$ _____

이 삼은
$2 \times 3 =$ _____

이 사
$2 \times 4 =$ _____

이 오
$2 \times 5 =$ _____

이 육
$2 \times 6 =$ _____

이 칠
$2 \times 7 =$ _____

이 팔
$2 \times 8 =$ _____

이 구
$2 \times 9 =$ _____

$2 \times 1 = 2$

❀ **2단 곱셈구구를 거꾸로 써 보세요.**

$2 \times 9 =$ 18

$2 \times 8 =$ _____

$2 \times 7 =$ _____

$2 \times 6 =$ _____

$2 \times 5 =$ _____

$2 \times 4 =$ _____

$2 \times 3 =$ _____

$2 \times 2 =$ _____

$2 \times 1 =$ _____

$2 \times 9 = 18$

3단

3 × 1 = 3

3 × 2 = 6

3 × 3 = 9

3 × 4 = 12

3 × 5 = 15

3 × 6 = 18

3 × 7 = 21

3 × 8 = 24

3 × 9 = 27

삼 일은 삼

삼 이 육

삼 삼은 구

삼 사 십이

삼 오 십오

삼 육 십팔

삼 칠 이십일

삼 팔 이십사

삼 구 이십칠

뛰어 세기

3 — 6 — 9 — 12 — 15 — 18 — 21 — 24 — 27

+3　+3　+3　+3　+3　+3　+3　+3

덧셈식 3+3=6을 곱셈식 3×2=6으로 나타냅니다.

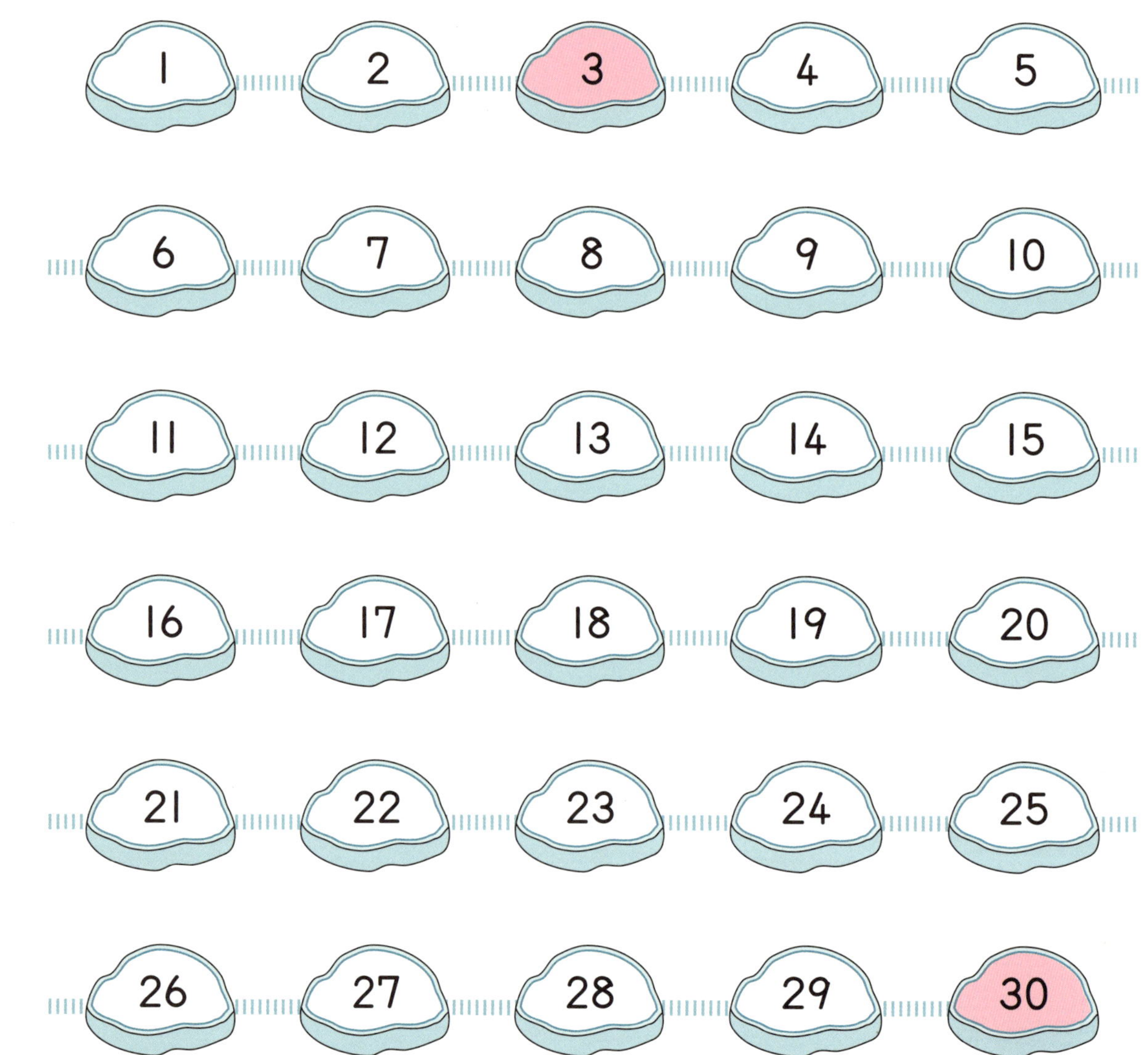

❂ 3부터 3씩 뛰어 센 수에 색칠해 보세요.

❀ **3**부터 **3**씩 뛰어 센 수를 따라 선으로 이어 보세요.

3	6	7	16
9	10	15	17
11	12	14	18
20	28	24	21
22	26	27	23

❋ 3씩 묶음을 보고 곱셈식으로 나타내 보세요.

$3 \times 1 = 3$

$\downarrow +3$

$3 \times 2 = \boxed{}$

$\downarrow +3$

$3 \times 3 = 9$

$\downarrow +3$

$3 \times 4 = \boxed{}$

$\downarrow +3$

$3 \times 5 = 15$

$\downarrow +3$

$3 \times 6 = \boxed{}$

$\downarrow +3$

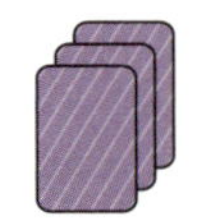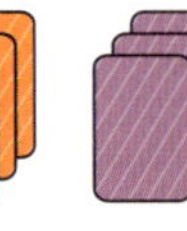
$3 \times 7 = 21$

$\downarrow +3$

$3 \times 8 = \boxed{}$

$\downarrow +3$

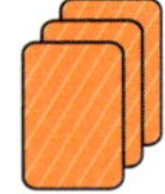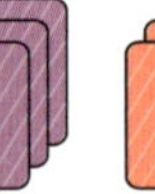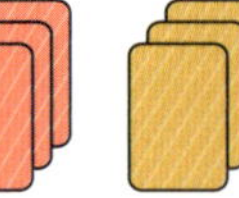
$3 \times 9 = \boxed{}$

❀ **3씩 몇 묶음인지 보고 곱셈식으로 나타내 보세요.**

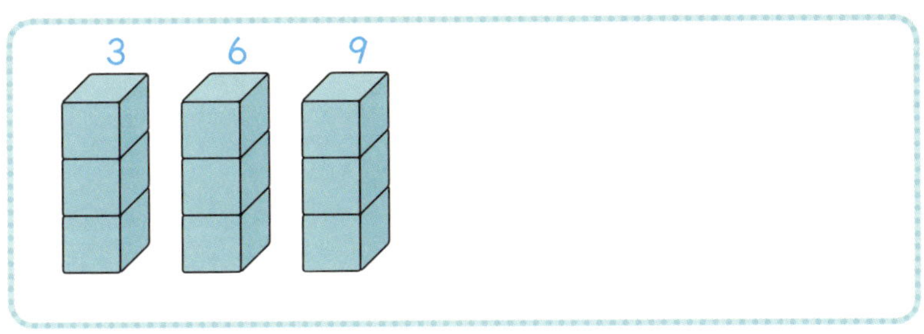

$$3 \times \boxed{3} = \boxed{9}$$

$$3 \times \boxed{} = \boxed{}$$

$$3 \times \boxed{} = \boxed{}$$

$$3 \times \boxed{} = \boxed{}$$

❂ 덧셈식을 보고 곱셈식으로 나타내 보세요.

덧셈식	곱셈식
3	$3 \times 1 = 3$
3 + 3	$3 \times 2 = 6$
3 + 3 + 3	$3 \times \square = \square$
3 + 3 + 3 + 3	$3 \times 4 = \square$
3 + 3 + 3 + 3 + 3	$3 \times \square = \square$
3 + 3 + 3 + 3 + 3 + 3	$3 \times 6 = \square$
3 + 3 + 3 + 3 + 3 + 3 + 3	$3 \times \square = \square$
3 + 3 + 3 + 3 + 3 + 3 + 3 + 3	$\square \times \square = \square$
3 + 3 + 3 + 3 + 3 + 3 + 3 + 3 + 3	$\square \times \square = \square$

✿ 덧셈을 하고, 덧셈식을 곱셈식으로 나타내 보세요.

$3 + 3 = \boxed{}$

$3 \times 2 = \boxed{}$

$3 + 3 + 3 + 3 = \boxed{}$

$3 \times 4 = \boxed{}$

$3 + 3 + 3 + 3 + 3 = \boxed{}$

$3 \times \boxed{} = \boxed{}$

$3 + 3 + 3 + 3 + 3 + 3 + 3 = \boxed{}$

$3 \times \boxed{} = \boxed{}$

$3 + 3 + 3 + 3 + 3 + 3 + 3 + 3 + 3 = \boxed{}$

$3 \times \boxed{} = \boxed{}$

3 곱하기 6, 7, 8, 9

✿ 덧셈식을 보고 빈칸에 알맞은 수를 써넣으세요.

3 + 3 + 3 + 3 + 3 + 3 + 3

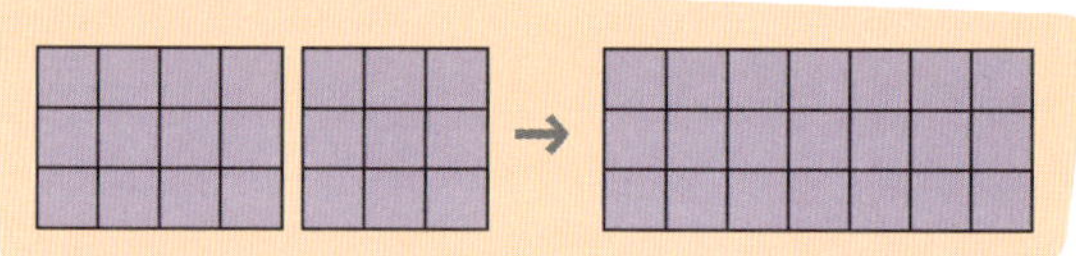

$3 \times 4 = \boxed{}$

$3 \times 3 = \boxed{}$

→ $3 \times 7 = \boxed{}$

3 + 3 + 3 + 3 + 3 + 3 + 3 + 3

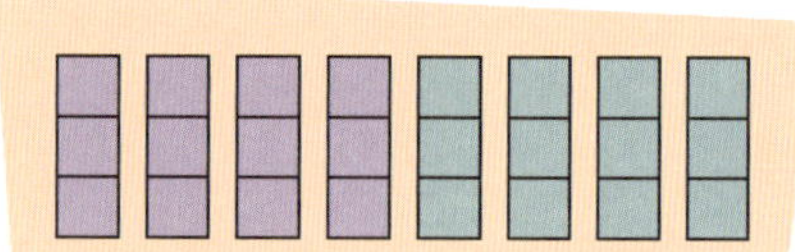

$3 \times 4 = \boxed{}$

$3 \times 4 = \boxed{}$

→ $3 \times 8 = \boxed{}$

3 + 3 + 3 + 3 + 3 + 3 + 3 + 3 + 3

$3 \times 5 = \boxed{}$

$3 \times 4 = \boxed{}$

→ $3 \times 9 = \boxed{}$

❀ 두 가지 색깔로 색칠하고, 곱셈식의 합으로 나타내 보세요.

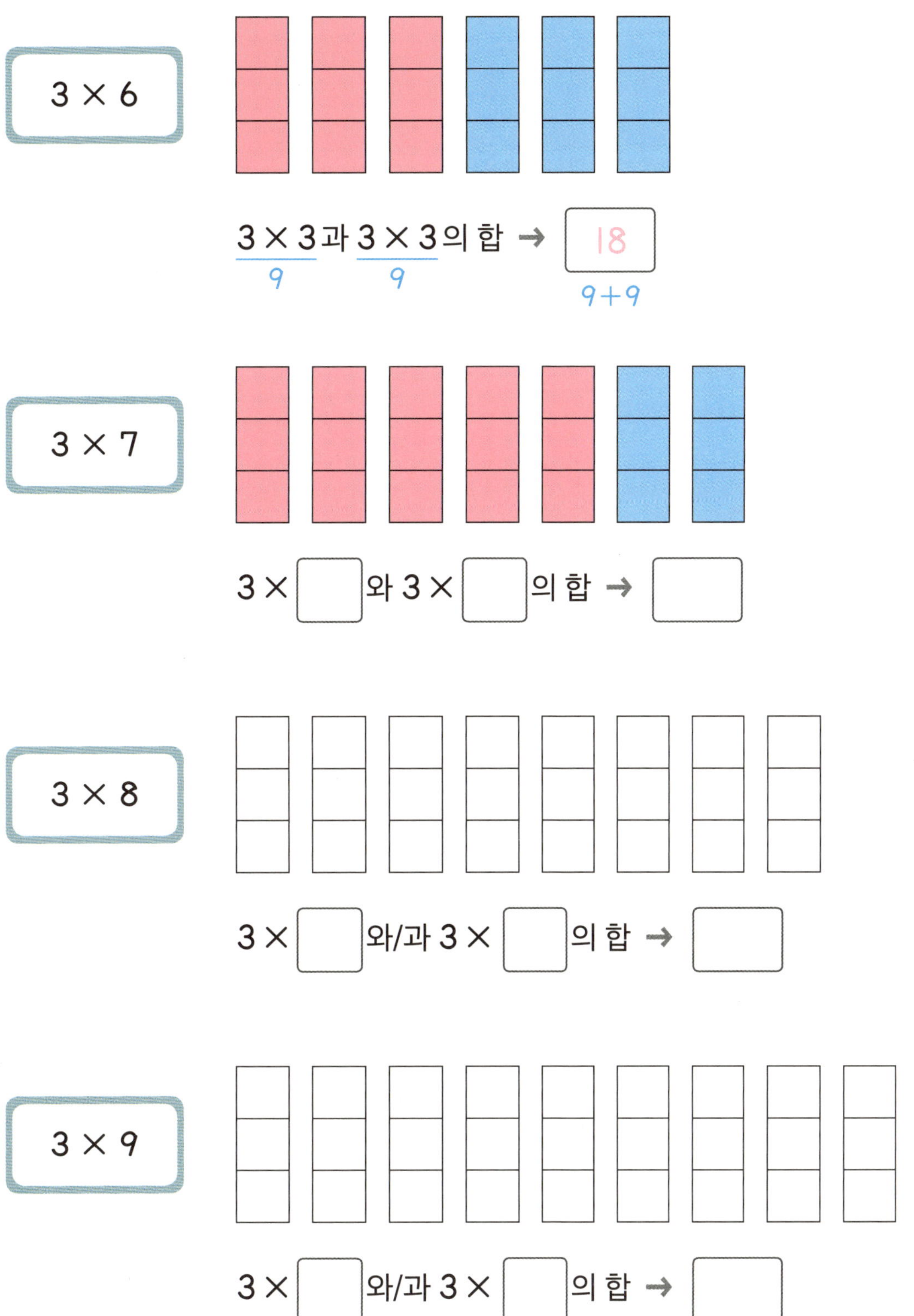

10　3단 쓰기

3단 곱셈구구를 차례로 써 보세요.

삼　일은
$3 \times 1 =$ 　3

삼　이
$3 \times 2 =$

삼　삼은
$3 \times 3 =$

삼　사
$3 \times 4 =$

삼　오
$3 \times 5 =$

삼　육
$3 \times 6 =$

삼　칠
$3 \times 7 =$

삼　팔
$3 \times 8 =$

삼　구
$3 \times 9 =$

$3 \times 1 = 3$

● 3단 곱셈구구를 거꾸로 써 보세요.

$3 \times 9 =$ _27_

$3 \times 8 =$ ____

$3 \times 7 =$ ____

$3 \times 6 =$ ____

$3 \times 5 =$ ____

$3 \times 4 =$ ____

$3 \times 3 =$ ____

$3 \times 2 =$ ____

$3 \times 1 =$ ____

$3 \times 9 = 27$

____

____

____

____

____

____

____

____

4단

$4 \times 1 = 4$

$4 \times 2 = 8$

$4 \times 3 = 12$

$4 \times 4 = 16$

$4 \times 5 = 20$

$4 \times 6 = 24$

$4 \times 7 = 28$

$4 \times 8 = 32$

$4 \times 9 = 36$

사 일은 사

사 이 팔

사 삼 십이

사 사 십육

사 오 이십

사 육 이십사

사 칠 이십팔

사 팔 삼십이

사 구 삼십육

뛰어 세기

| 4 | 8 | 12 | 16 | 20 | 24 | 28 | 32 | 36 |

+4 +4 +4 +4 +4 +4 +4 +4

4씩 뛰어 세기

2씩 2번 뛰어 세면 4씩 뛰어 센 것입니다.

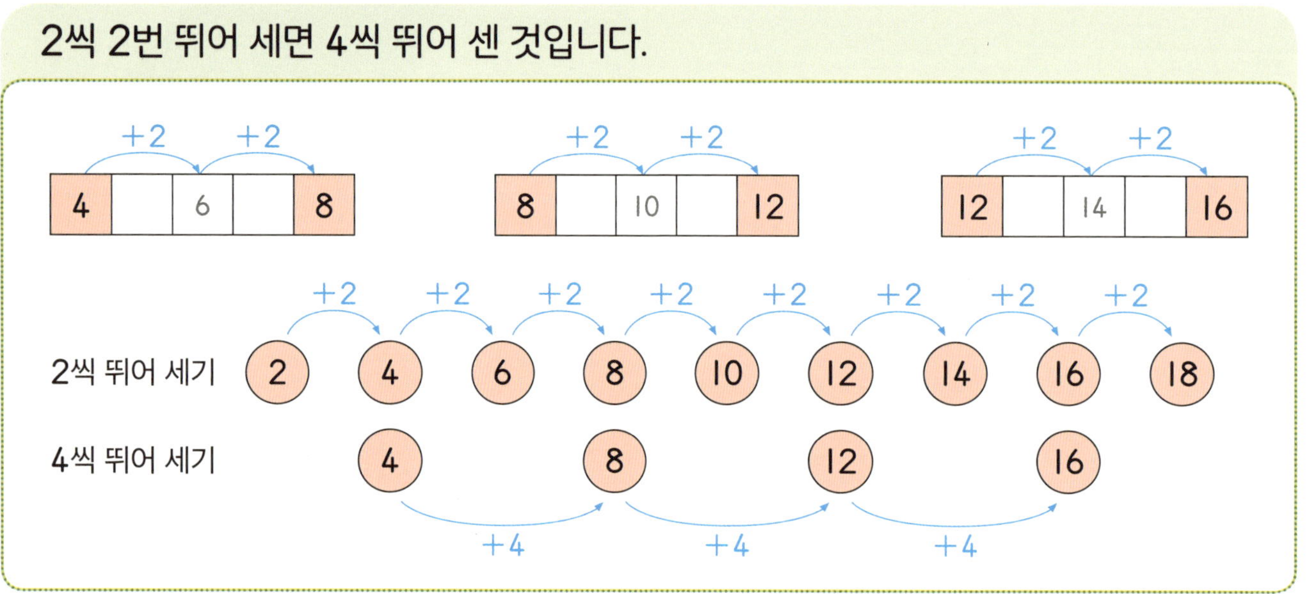

❂ 4부터 4씩 뛰어 센 수에 색칠해 보세요.

1	2	3	4	5	6	7	8	9	10
11	12	13	14	15	16	17	18	19	20
21	22	23	24	25	26	27	28	29	30
31	32	33	34	35	36	37	38	39	40

4부터 4씩 뛰어 센 수를 따라 선으로 이어 보세요.

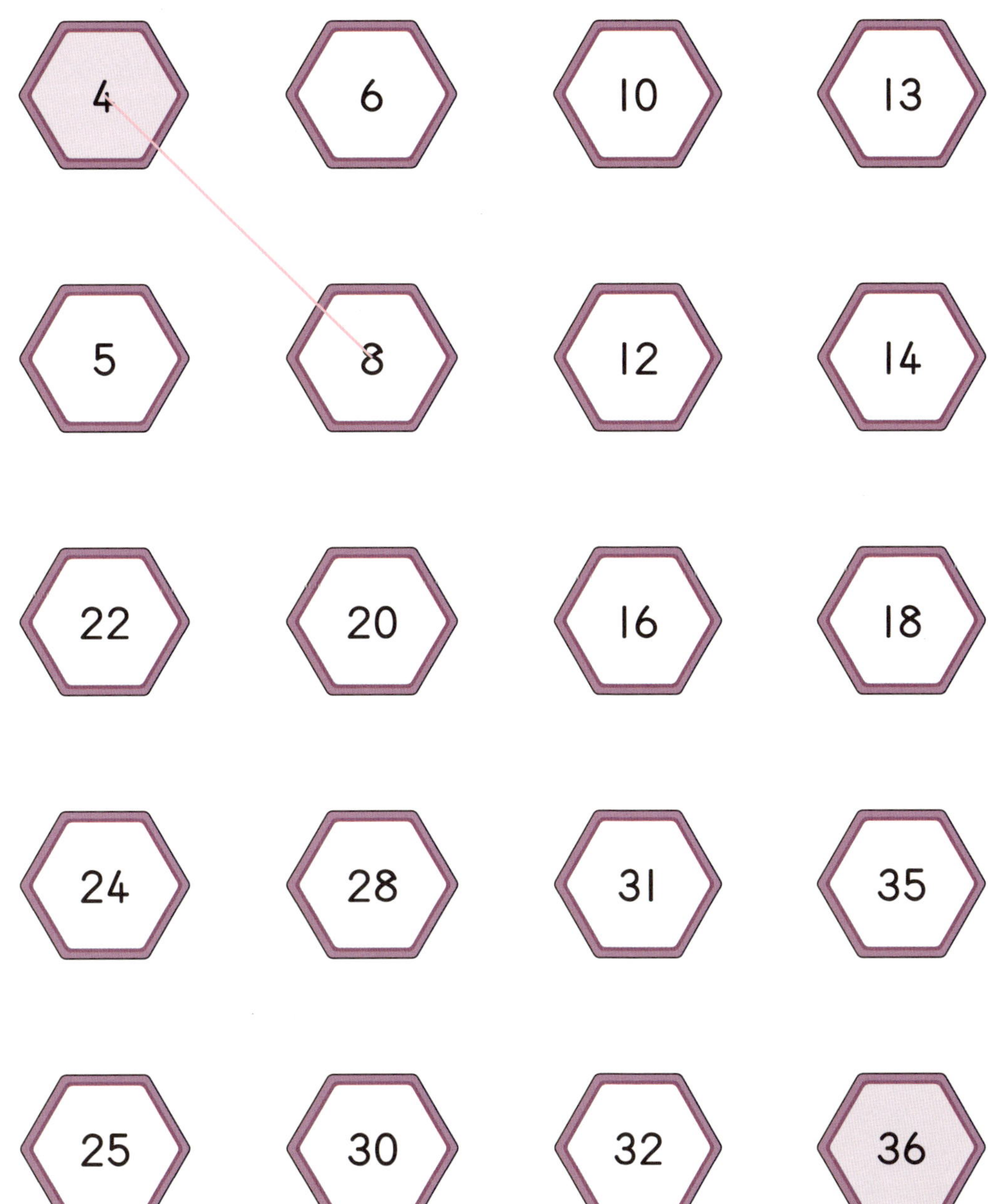

● 4씩 묶음을 보고 곱셈식으로 나타내 보세요.

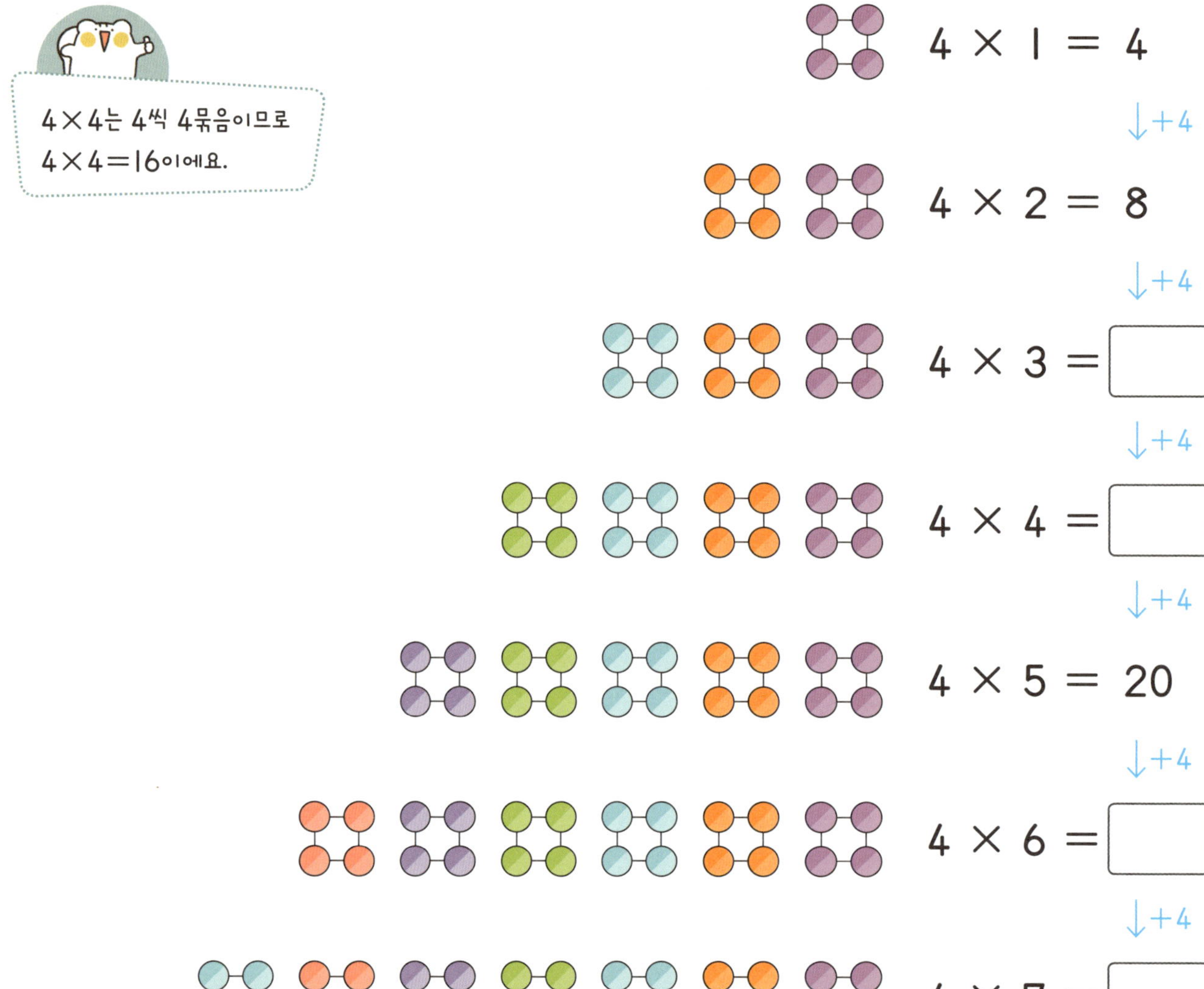

$4 \times 1 = 4$

$\downarrow +4$

$4 \times 2 = 8$

$\downarrow +4$

$4 \times 3 = \boxed{}$

$\downarrow +4$

$4 \times 4 = \boxed{}$

$\downarrow +4$

$4 \times 5 = 20$

$\downarrow +4$

$4 \times 6 = \boxed{}$

$\downarrow +4$

$4 \times 7 = \boxed{}$

$\downarrow +4$

$4 \times 8 = 32$

$\downarrow +4$

$4 \times 9 = \boxed{}$

◎ 4씩 몇 묶음인지 보고 곱셈식으로 나타내 보세요.

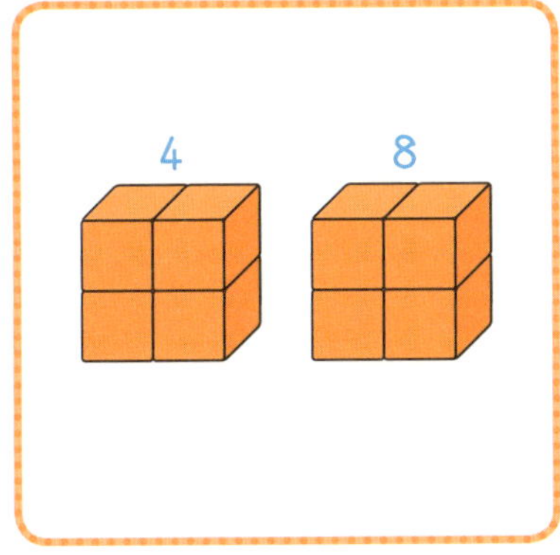

$4 \times \boxed{} = \boxed{}$

$4 \times \boxed{} = \boxed{}$

$4 \times \boxed{} = \boxed{}$

$4 \times \boxed{} = \boxed{}$

4씩 더하기

덧셈식을 보고 곱셈식으로 나타내 보세요.

4단은 2단의 2배예요.
$2×1=2 → 4×1=4$
$2×2=4 → 4×2=8$
$2×3=6 → 4×3=12$

덧셈식	곱셈식
4	$4 × 1 = 4$
4 + 4	$4 × 2 = \boxed{}$
4 + 4 + 4	$4 × \boxed{} = \boxed{}$
4 + 4 + 4 + 4	$4 × \boxed{} = 16$
4 + 4 + 4 + 4 + 4	$4 × 5 = \boxed{}$
4 + 4 + 4 + 4 + 4 + 4	$4 × 6 = \boxed{}$
4 + 4 + 4 + 4 + 4 + 4 + 4	$4 × \boxed{} = 28$
4 + 4 + 4 + 4 + 4 + 4 + 4 + 4	$\boxed{} × \boxed{} = \boxed{}$
4 + 4 + 4 + 4 + 4 + 4 + 4 + 4 + 4	$\boxed{} × \boxed{} = \boxed{}$

✿ 덧셈을 하고, 덧셈식을 곱셈식으로 나타내 보세요.

$4 + 4 + 4 = \boxed{}$

$4 \times 3 = \boxed{}$

$4 + 4 + 4 + 4 = \boxed{}$

$4 \times 4 = \boxed{}$

$4 + 4 + 4 + 4 + 4 + 4 = \boxed{}$

$4 \times \boxed{} = \boxed{}$

$4 + 4 + 4 + 4 + 4 + 4 + 4 + 4 = \boxed{}$

$4 \times \boxed{} = \boxed{}$

$4 + 4 + 4 + 4 + 4 + 4 + 4 + 4 + 4 = \boxed{}$

$4 \times \boxed{} = \boxed{}$

○ 덧셈식을 보고 빈칸에 알맞은 수를 써넣으세요.

$4 + 4 + 4 + 4 + 4 + 4$

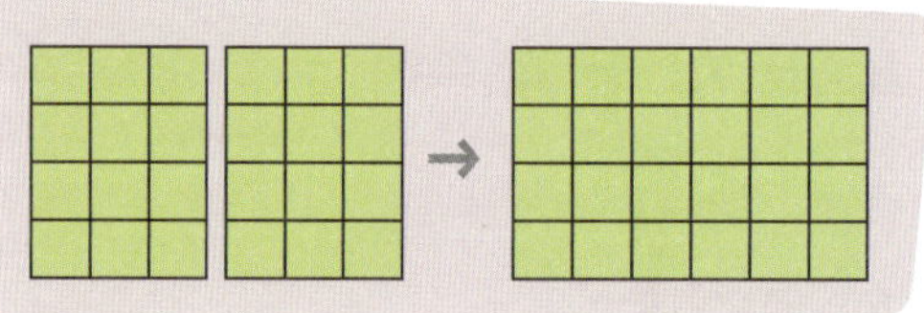

$4 \times 3 =$ ☐

$4 \times 3 =$ ☐

→ $4 \times 6 =$ ☐

$4 + 4 + 4 + 4 + 4 + 4 + 4$

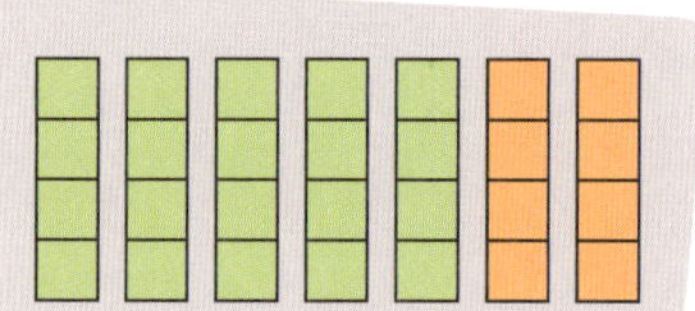

$4 \times 5 =$ ☐

$4 \times 2 =$ ☐

→ $4 \times 7 =$ ☐

$4 + 4 + 4 + 4 + 4 + 4 + 4 + 4$

$4 \times 4 =$ ☐

$4 \times 4 =$ ☐

→ $4 \times 8 =$ ☐

두 가지 색깔로 색칠하고, 곱셈식의 합으로 나타내 보세요.

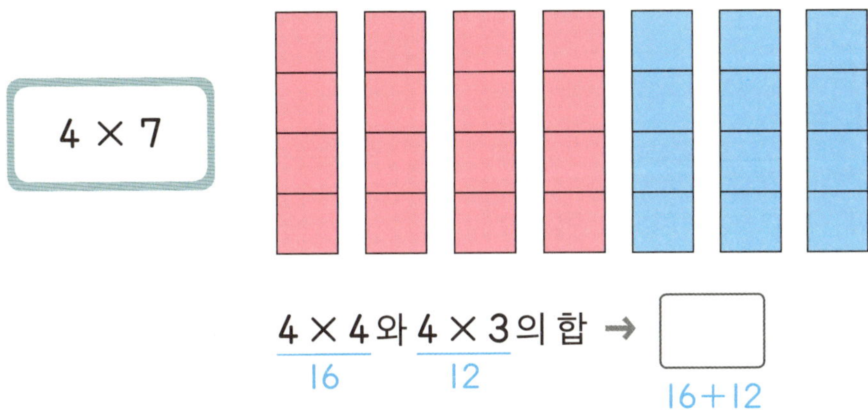

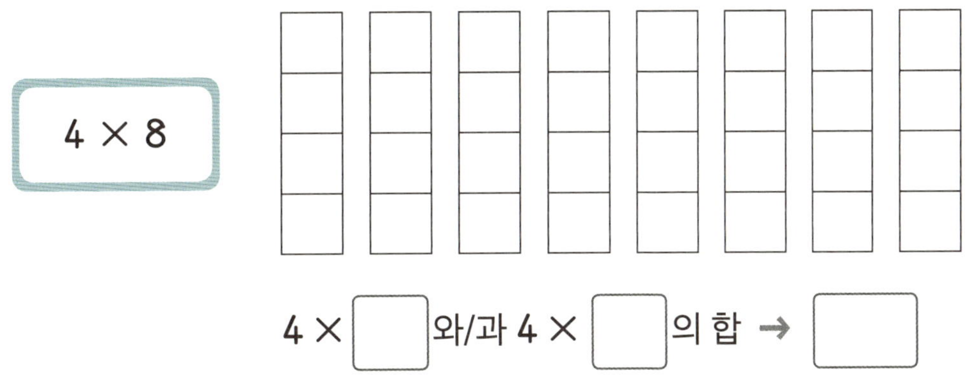

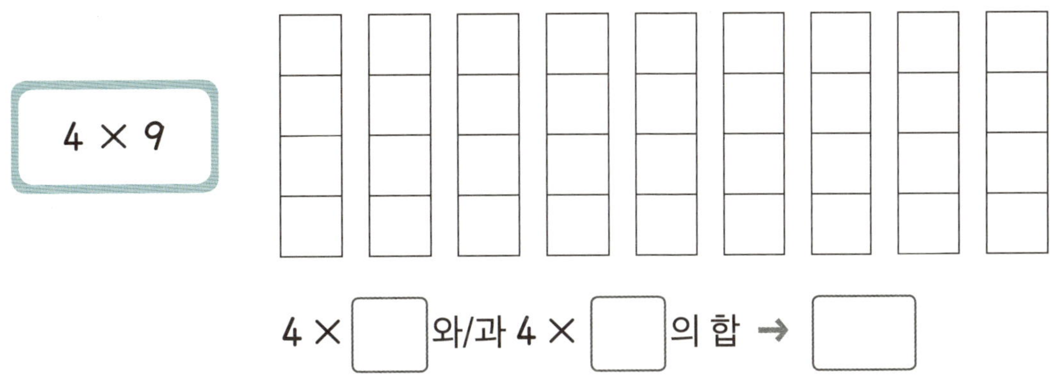

◎ 4단 곱셈구구를 차례로 써 보세요.

사　　일은
$4 \times 1 = $ _4_

사　　이
$4 \times 2 = $ _____

사　　삼
$4 \times 3 = $ _____

사　　사
$4 \times 4 = $ _____

사　　오
$4 \times 5 = $ _____

사　　육
$4 \times 6 = $ _____

사　　칠
$4 \times 7 = $ _____

사　　팔
$4 \times 8 = $ _____

사　　구
$4 \times 9 = $ _____

$4 \times 1 = 4$

◉ **4단 곱셈구구를 거꾸로 써 보세요.**

$4 \times 9 =$ ___36___

$4 \times 8 =$ ______

$4 \times 7 =$ ______

$4 \times 6 =$ ______

$4 \times 5 =$ ______

$4 \times 4 =$ ______

$4 \times 3 =$ ______

$4 \times 2 =$ ______

$4 \times 1 =$ ______

$4 \times 9 = 36$

곱셈식

$5 \times 1 = 5$

$5 \times 2 = 10$

$5 \times 3 = 15$

$5 \times 4 = 20$

$5 \times 5 = 25$

$5 \times 6 = 30$

$5 \times 7 = 35$

$5 \times 8 = 40$

$5 \times 9 = 45$

읽으면서 외우기

오 일은 오

오 이 십

오 삼 십오

오 사 이십

오 오 이십오

오 육 삼십

오 칠 삼십오

오 팔 사십

오 구 사십오

뛰어 세기

| 5 | 10 | 15 | 20 | 25 | 30 | 35 | 40 | 45 |

+5　+5　+5　+5　+5　+5　+5　+5

5단 곱셈구구

5씩 뛰어 세기

5부터 5씩 뛰어 세면 일의 자리 숫자는 5, 0이 반복됩니다.

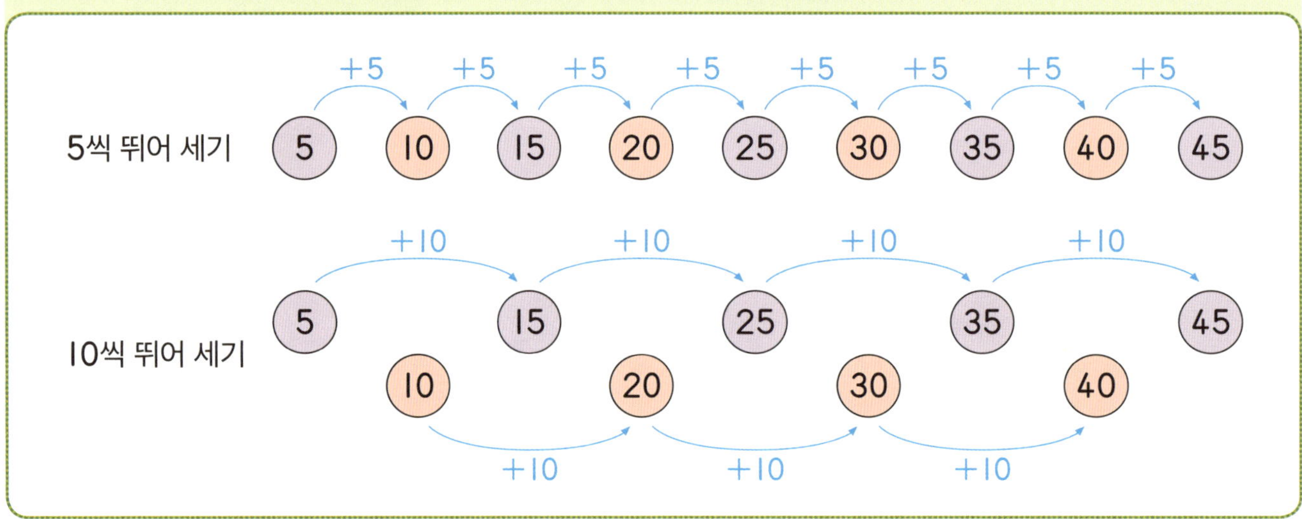

⚙ 5부터 5씩 뛰어 센 수에 색칠해 보세요.

1	2	3	4	5	6	7	8	9	10
11	12	13	14	15	16	17	18	19	20
21	22	23	24	25	26	27	28	29	30
31	32	33	34	35	36	37	38	39	40
41	42	43	44	45	46	47	48	49	50

● **5부터 5씩 뛰어 센 수를 따라 선으로 이어 보세요.**

✿ 5씩 묶음을 보고 곱셈식으로 나타내 보세요.

 $5 \times 1 = 5$

↓+5

 $5 \times 2 = \boxed{}$

↓+5

 $5 \times 3 = 15$

↓+5

 $5 \times 4 = \boxed{}$

↓+5

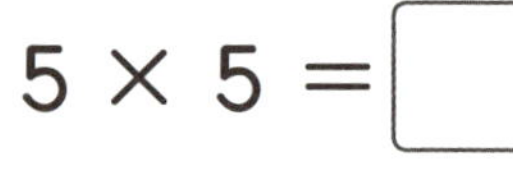 $5 \times 5 = \boxed{}$

↓+5

 $5 \times 6 = 30$

↓+5

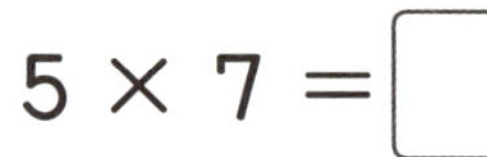 $5 \times 7 = \boxed{}$

↓+5

 $5 \times 8 = \boxed{}$

↓+5

 $5 \times 9 = \boxed{}$

5씩 몇 묶음인지 보고 곱셈식으로 나타내 보세요.

$5 \times \boxed{} = \boxed{}$

$5 \times \boxed{} = \boxed{}$

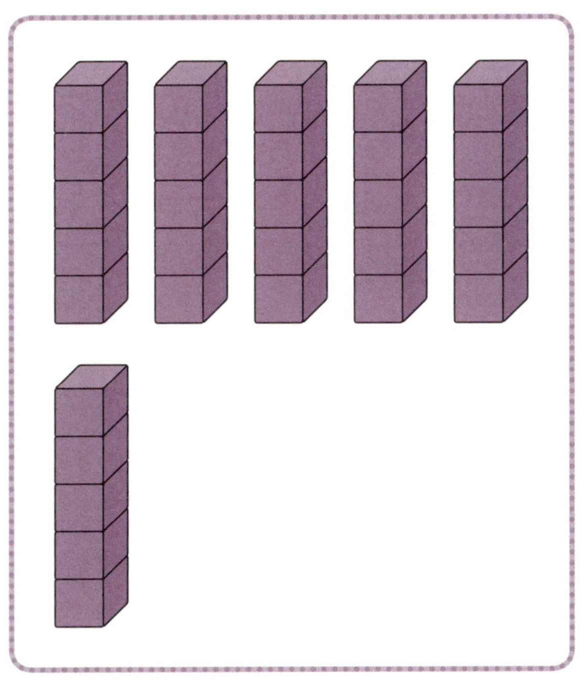

$5 \times \boxed{} = \boxed{}$

$5 \times \boxed{} = \boxed{}$

🌼 덧셈식을 보고 곱셈식으로 나타내 보세요.

덧셈식	곱셈식
5	$5 \times 1 = \boxed{}$
5 + 5	$5 \times \boxed{} = 10$
5 + 5 + 5	$5 \times 3 = \boxed{}$
5 + 5 + 5 + 5	$5 \times \boxed{} = 20$
5 + 5 + 5 + 5 + 5	$5 \times 5 = \boxed{}$
5 + 5 + 5 + 5 + 5 + 5	$5 \times \boxed{} = \boxed{}$
5 + 5 + 5 + 5 + 5 + 5 + 5	$5 \times 7 = \boxed{}$
5 + 5 + 5 + 5 + 5 + 5 + 5 + 5	$\boxed{} \times \boxed{} = \boxed{}$
5 + 5 + 5 + 5 + 5 + 5 + 5 + 5 + 5	$\boxed{} \times \boxed{} = \boxed{}$

✿ 덧셈을 하고, 덧셈식을 곱셈식으로 나타내 보세요.

$5 + 5 + 5 = \boxed{}$

$5 \times 3 = \boxed{}$

$5 + 5 + 5 + 5 = \boxed{}$

$5 \times 4 = \boxed{}$

$5 + 5 + 5 + 5 + 5 = \boxed{}$

$5 \times \boxed{} = \boxed{}$

$5 + 5 + 5 + 5 + 5 + 5 + 5 = \boxed{}$

$5 \times \boxed{} = \boxed{}$

$5 + 5 + 5 + 5 + 5 + 5 + 5 + 5 = \boxed{}$

$5 \times \boxed{} = \boxed{}$

5 곱하기 6, 7, 8, 9

덧셈식을 보고 빈칸에 알맞은 수를 써넣으세요.

$$5 + 5 + 5 + 5 + 5 + 5$$

$5 \times 4 = \boxed{}$

$5 \times 2 = \boxed{}$

$\rightarrow$ $5 \times 6 = \boxed{}$

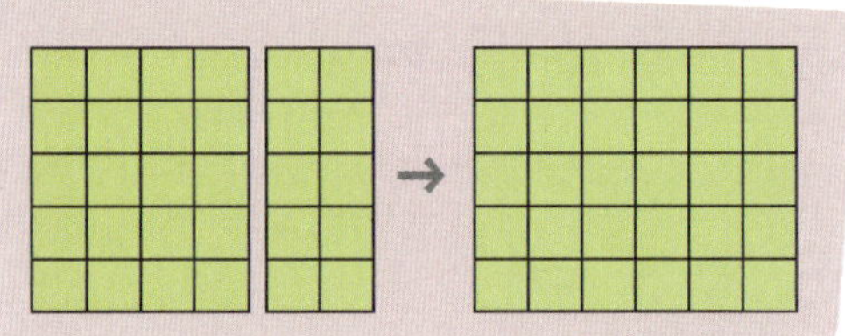

$$5 + 5 + 5 + 5 + 5 + 5 + 5$$

$5 \times 5 = \boxed{}$

$5 \times 2 = \boxed{}$

$\rightarrow$ $5 \times 7 = \boxed{}$

$$5 + 5 + 5 + 5 + 5 + 5 + 5 + 5$$

$5 \times 5 = \boxed{}$

$5 \times 3 = \boxed{}$

$\rightarrow$ $5 \times 8 = \boxed{}$

✿ 두 가지 색깔로 색칠하고, 곱셈식의 합으로 나타내 보세요.

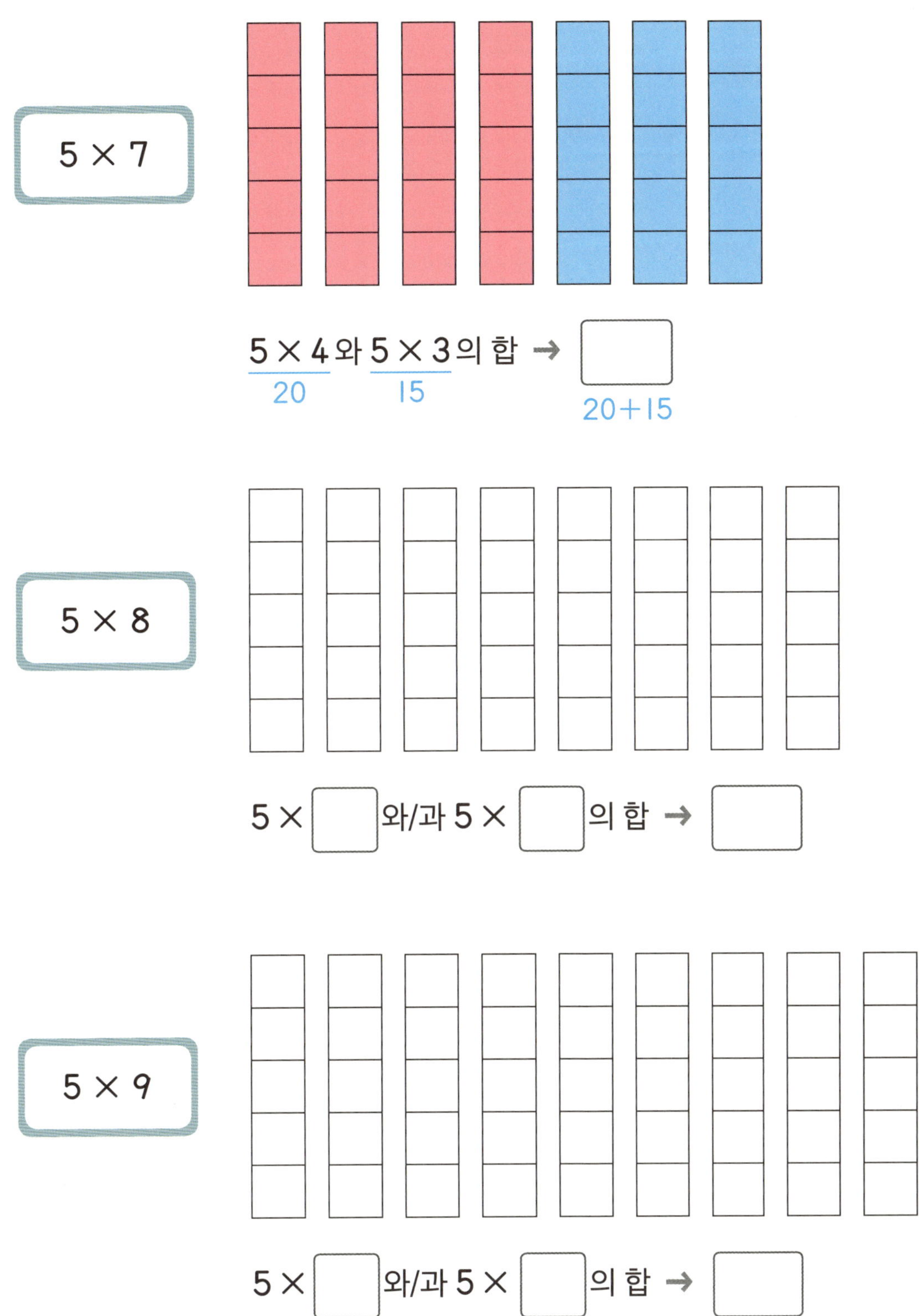

5단 곱셈구구를 차례로 써 보세요.

오 일은
$5 \times 1 =$ 5

오 이
$5 \times 2 =$

오 삼
$5 \times 3 =$

오 사
$5 \times 4 =$

오 오
$5 \times 5 =$

오 육
$5 \times 6 =$

오 칠
$5 \times 7 =$

오 팔
$5 \times 8 =$

오 구
$5 \times 9 =$

$5 \times 1 = 5$

● 5단 곱셈구구를 거꾸로 써 보세요.

$5 \times 9 =$ 45

$5 \times 8 =$

$5 \times 7 =$

$5 \times 6 =$

$5 \times 5 =$

$5 \times 4 =$

$5 \times 3 =$

$5 \times 2 =$

$5 \times 1 =$

$5 \times 9 = 45$

2단

$2 \times 1 = 2$
$2 \times 2 = 4$
$2 \times 3 = 6$
$2 \times 4 = 8$
$2 \times 5 = 10$
$2 \times 6 = 12$
$2 \times 7 = 14$
$2 \times 8 = 16$
$2 \times 9 = 18$

3단

$3 \times 1 = 3$
$3 \times 2 = 6$
$3 \times 3 = 9$
$3 \times 4 = 12$
$3 \times 5 = 15$
$3 \times 6 = 18$
$3 \times 7 = 21$
$3 \times 8 = 24$
$3 \times 9 = 27$

4단

$4 \times 1 = 4$
$4 \times 2 = 8$
$4 \times 3 = 12$
$4 \times 4 = 16$
$4 \times 5 = 20$
$4 \times 6 = 24$
$4 \times 7 = 28$
$4 \times 8 = 32$
$4 \times 9 = 36$

5단

$5 \times 1 = 5$
$5 \times 2 = 10$
$5 \times 3 = 15$
$5 \times 4 = 20$
$5 \times 5 = 25$
$5 \times 6 = 30$
$5 \times 7 = 35$
$5 \times 8 = 40$
$5 \times 9 = 45$

2~5단 곱셈구구

21 곱셈구구의 값

● 2단 곱셈구구의 값을 찾아 모두 ◯표 하세요.

1	2	3	4	6
7	8	9	10	11
12	14	15	16	18

● 3단 곱셈구구의 값을 찾아 모두 ◯표 하세요.

3	5	6	7	9
12	13	14	15	18
20	21	24	26	27

○ 4단 곱셈구구의 값을 작은 수부터 차례로 이어 보세요.

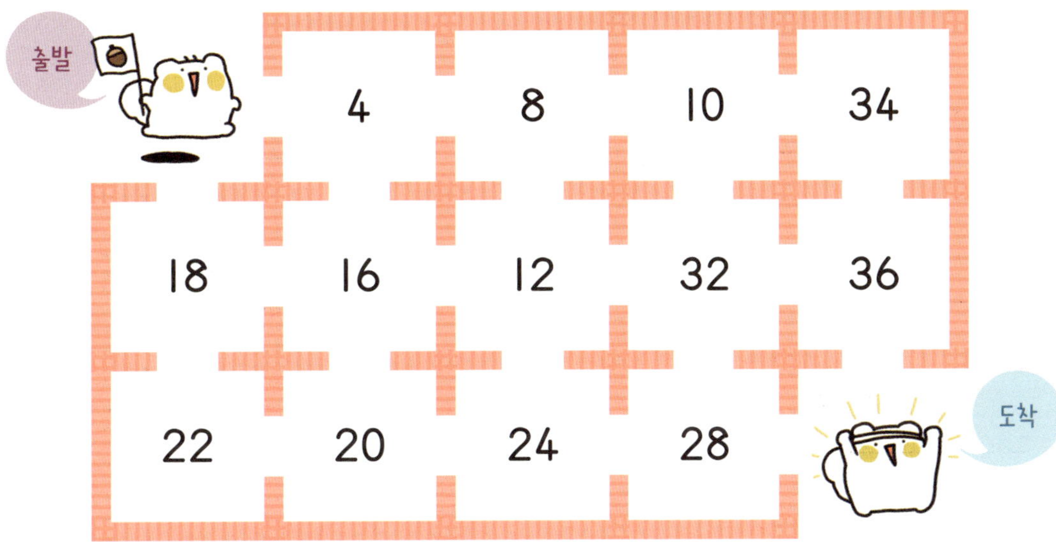

○ 5단 곱셈구구의 값을 작은 수부터 차례로 이어 보세요.

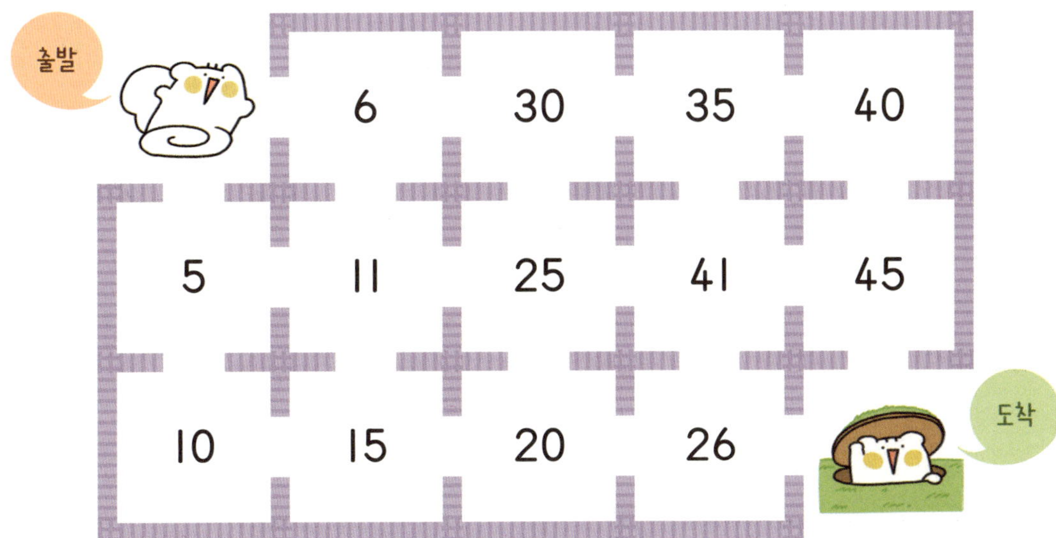

● 빈칸에 알맞은 수를 써넣으세요.

$2 \times 2 = \boxed{}$

$3 \times 2 = \boxed{}$

$4 \times 2 = \boxed{}$

$5 \times 2 = \boxed{}$

$2 \times 3 = \boxed{}$

$3 \times 3 = \boxed{}$

$4 \times 3 = \boxed{}$

$5 \times 3 = \boxed{}$

$2 \times 4 = \boxed{}$

$3 \times 4 = \boxed{}$

$4 \times 4 = \boxed{}$

$5 \times 4 = \boxed{}$

$2 \times 5 = \boxed{}$

$3 \times 5 = \boxed{}$

$4 \times 5 = \boxed{}$

$5 \times 5 = \boxed{}$

◎ 빈칸에 알맞은 수를 써넣으세요.

$2 \times 6 =$ ▢

$3 \times 6 =$ ▢

$4 \times 6 =$ ▢

$5 \times 6 =$ ▢

$2 \times 7 =$ ▢

$3 \times 7 =$ ▢

$4 \times 7 =$ ▢

$5 \times 7 =$ ▢

$2 \times 8 =$ ▢

$3 \times 8 =$ ▢

$4 \times 8 =$ ▢

$5 \times 8 =$ ▢

$2 \times 9 =$ ▢

$3 \times 9 =$ ▢

$4 \times 9 =$ ▢

$5 \times 9 =$ ▢

○ 빈칸에 알맞은 수를 써넣으세요.

$3 \times 2 = \boxed{}$　　　$4 \times 7 = \boxed{}$

$5 \times 5 = \boxed{}$　　　$2 \times 1 = \boxed{}$

$4 \times 8 = \boxed{}$　　　$3 \times 8 = \boxed{}$

$3 \times 1 = \boxed{}$　　　$5 \times 2 = \boxed{}$

$5 \times 8 = \boxed{}$　　　$2 \times 8 = \boxed{}$

$3 \times 9 = \boxed{}$　　　$3 \times 3 = \boxed{}$

$2 \times 7 = \boxed{}$　　　$2 \times 2 = \boxed{}$

$2 \times 6 = \boxed{}$　　　$4 \times 5 = \boxed{}$

$3 \times 5 = \boxed{}$　　　$5 \times 4 = \boxed{}$

🌼 빈칸에 알맞은 수를 써넣으세요.

$2 \times 3 = \boxed{}$

$4 \times 1 = \boxed{}$

$5 \times 6 = \boxed{}$

$3 \times 4 = \boxed{}$

$4 \times 6 = \boxed{}$

$5 \times 1 = \boxed{}$

$4 \times 2 = \boxed{}$

$4 \times 9 = \boxed{}$

$2 \times 5 = \boxed{}$

$4 \times 4 = \boxed{}$

$3 \times 7 = \boxed{}$

$5 \times 3 = \boxed{}$

$2 \times 4 = \boxed{}$

$5 \times 7 = \boxed{}$

$4 \times 3 = \boxed{}$

$2 \times 9 = \boxed{}$

$5 \times 9 = \boxed{}$

$3 \times 6 = \boxed{}$

24 곱하는 수 구하기

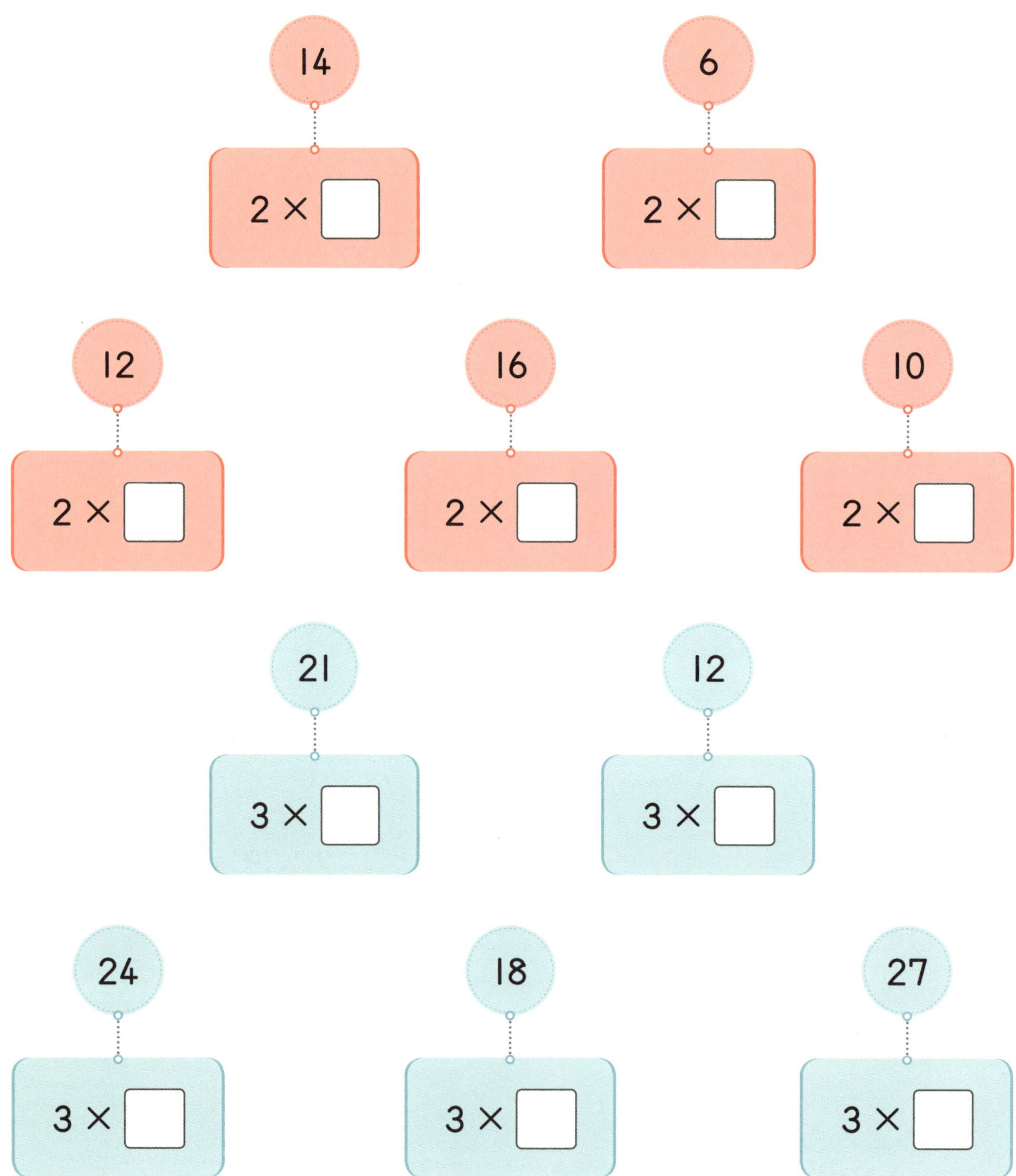

● 4단과 5단 곱셈구구의 값입니다. 빈칸에 알맞은 수를 써넣으세요.

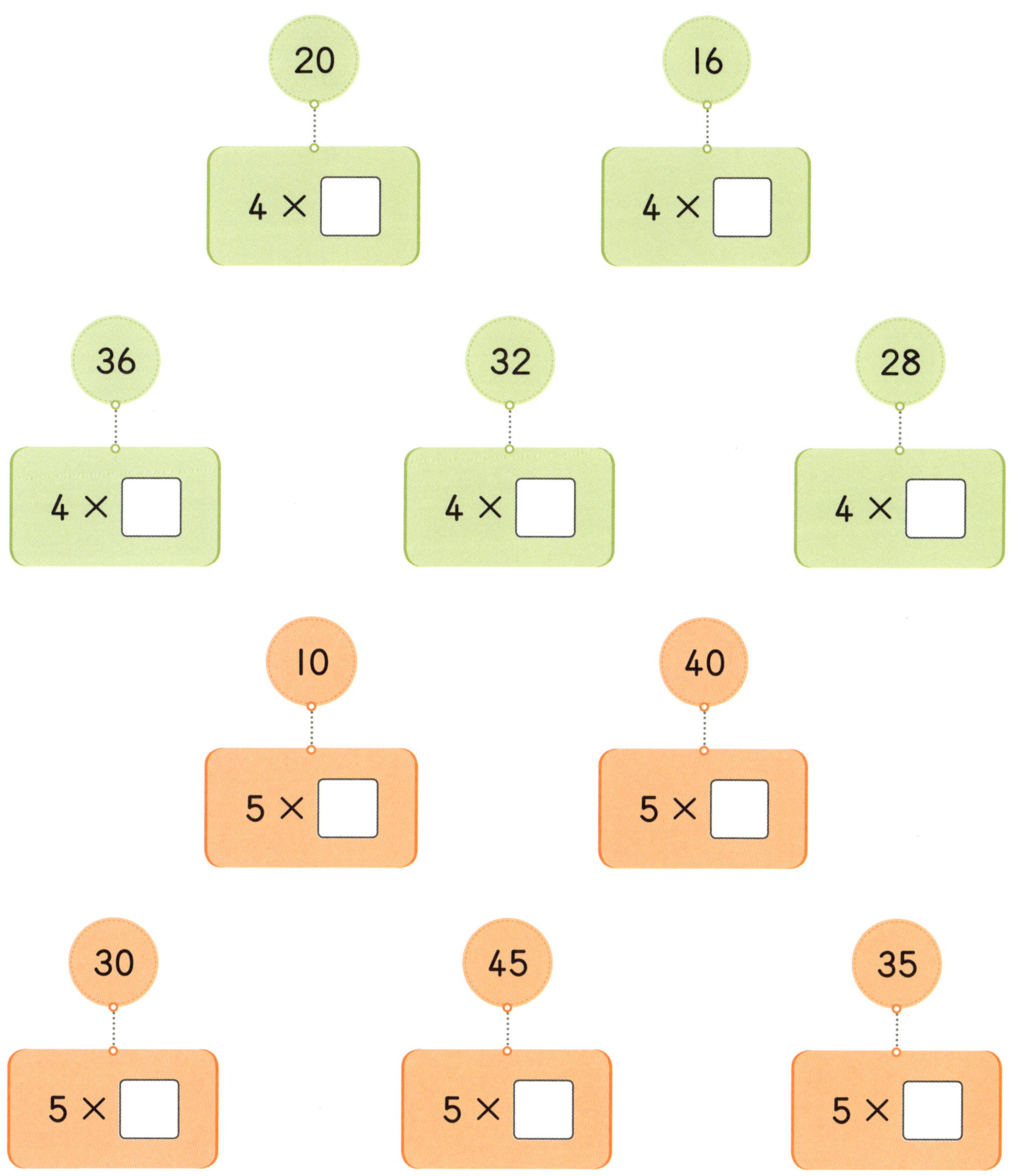

❂ 알맞은 수에 ◯표 하세요.

$2 \times \begin{matrix} 5 \\ 7 \end{matrix} = 14$

$\begin{matrix} 3 \\ 4 \end{matrix} \times 6 = 24$

$3 \times \begin{matrix} 6 \\ 8 \end{matrix} = 18$

$\begin{matrix} 2 \\ 4 \end{matrix} \times 7 = 14$

$4 \times \begin{matrix} 7 \\ 8 \end{matrix} = 28$

$\begin{matrix} 4 \\ 5 \end{matrix} \times 8 = 32$

$5 \times \begin{matrix} 5 \\ 6 \end{matrix} = 30$

$\begin{matrix} 3 \\ 5 \end{matrix} \times 9 = 45$

◉ 곱셈구구의 값을 보고 곱셈구구의 두 수를 정하여 써넣으세요.

$2 \times 7 = 14$

$\underline{} \times \underline{} = 27$

$\underline{} \times \underline{} = 20$

$\underline{} \times \underline{} = 16$

$\underline{} \times \underline{} = 18$

$\underline{} \times \underline{} = 32$

$\underline{} \times \underline{} = 12$

$\underline{} \times \underline{} = 45$

$\underline{} \times \underline{} = 21$

$\underline{} \times \underline{} = 28$

곱셈식

$$6 \times 1 = 6$$

$$6 \times 2 = 12$$

$$6 \times 3 = 18$$

$$6 \times 4 = 24$$

$$6 \times 5 = 30$$

$$6 \times 6 = 36$$

$$6 \times 7 = 42$$

$$6 \times 8 = 48$$

$$6 \times 9 = 54$$

읽으면서 외우기

육 일은 육

육 이 십이

육 삼 십팔

육 사 이십사

육 오 삼십

육 육 삼십육

육 칠 사십이

육 팔 사십팔

육 구 오십사

뛰어 세기

6 — 12 — 18 — 24 — 30 — 36 — 42 — 48 — 54

+6　+6　+6　+6　+6　+6　+6　+6

3씩 2번 뛰어 세면 6씩 뛰어 센 것입니다.

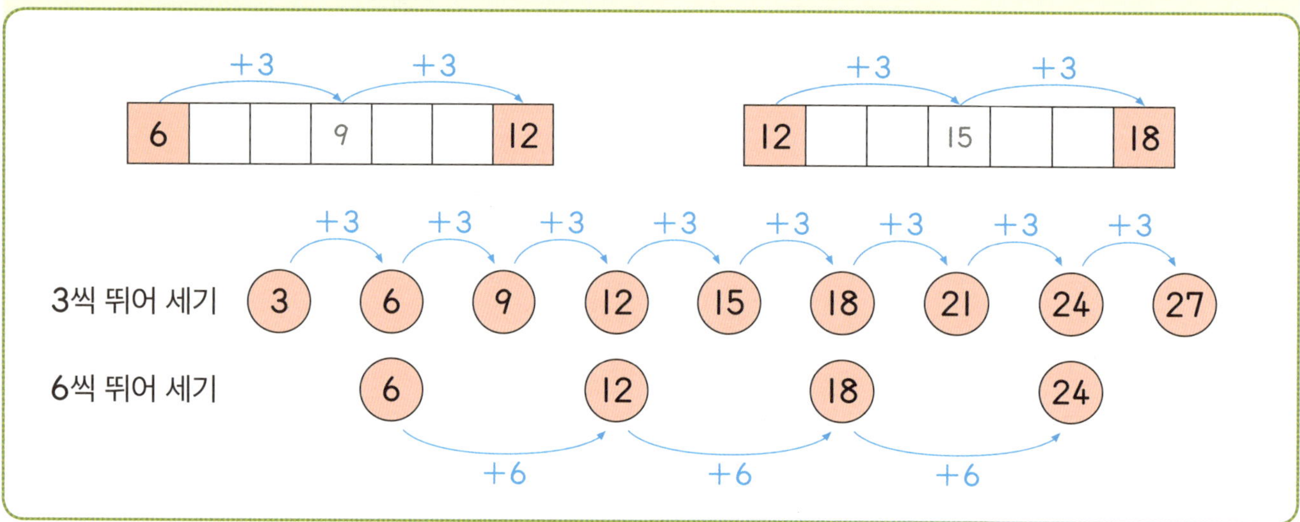

◉ 6부터 6씩 뛰어 센 수에 색칠해 보세요.

1	2	3	4	5	6	7	8	9	10
11	12	13	14	15	16	17	18	19	20
21	22	23	24	25	26	27	28	29	30
31	32	33	34	35	36	37	38	39	40
41	42	43	44	45	46	47	48	49	50
51	52	53	54	55	56	57	58	59	60

❀ 6부터 6씩 뛰어 센 수를 따라 선으로 이어 보세요.

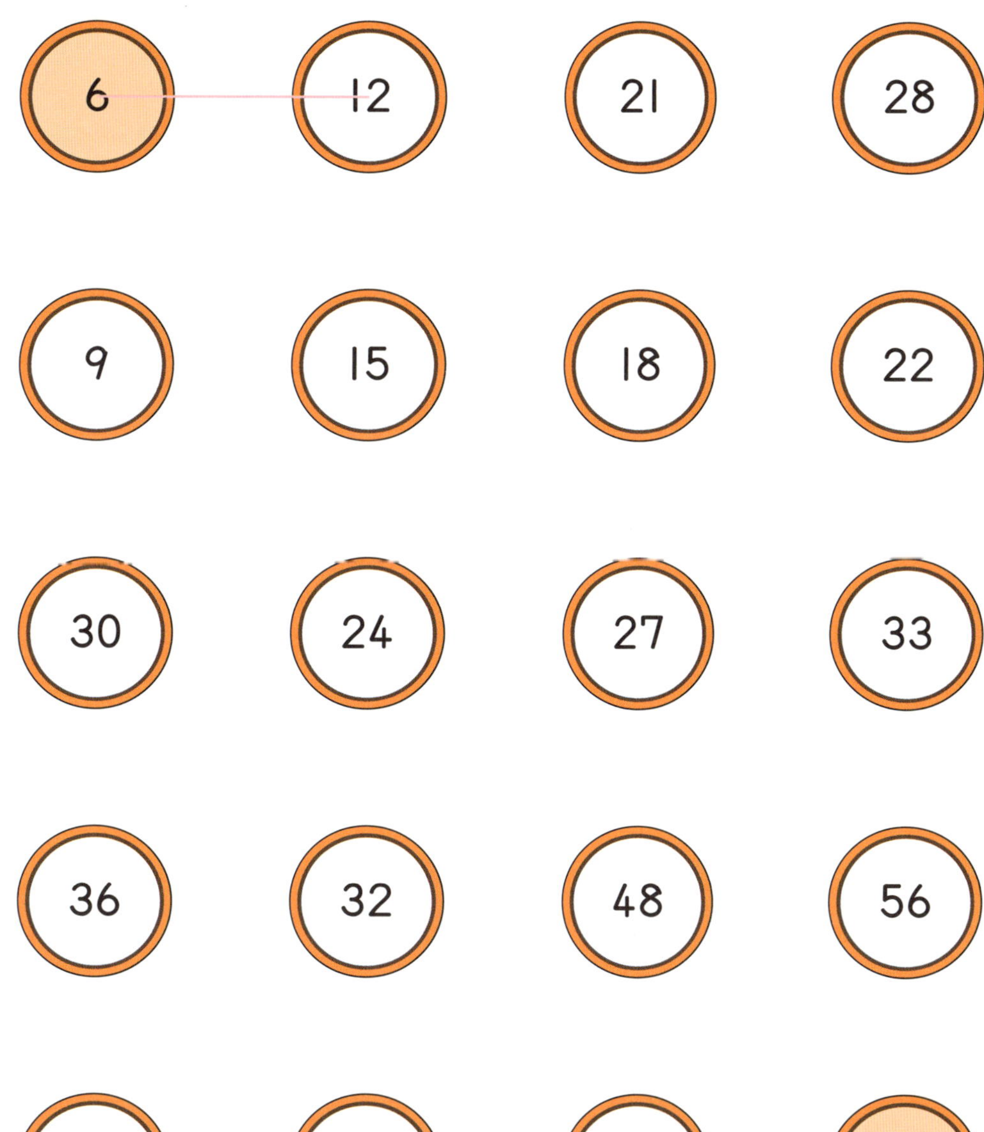

6씩 묶어 세기

🌼 6씩 묶음을 보고 곱셈식으로 나타내 보세요.

6단은 3단의 2배예요.
$3×1=3 → 6×1=6$
$3×2=6 → 6×2=12$
$3×3=9 → 6×3=18$

$6 × 1 = 6$

↓+6

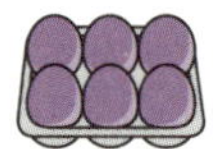 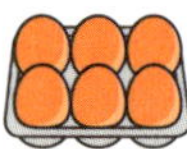

$6 × 2 = 12$

↓+6

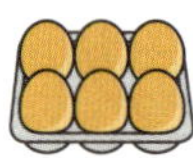 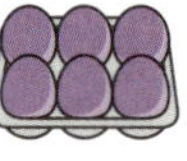 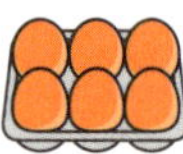

$6 × 3 = $ ☐

↓+6

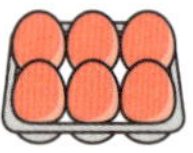 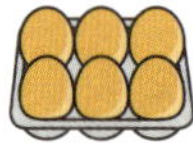 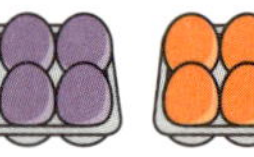

$6 × 4 = 24$

↓+6

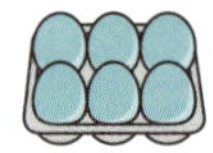 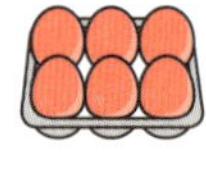 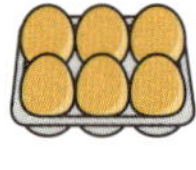 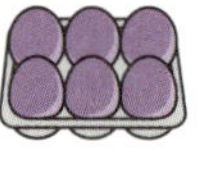 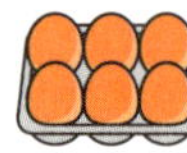

$6 × 5 = $ ☐

↓+6

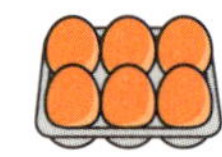 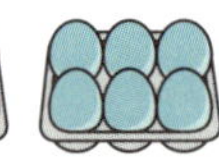 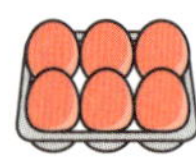 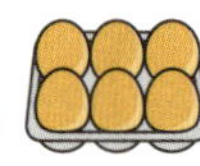 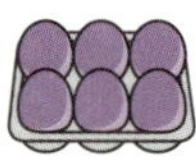 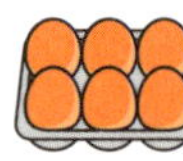

$6 × 6 = $ ☐

↓+6

 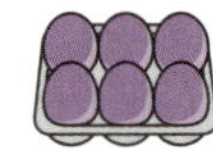 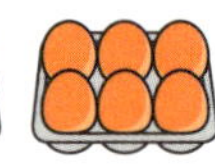 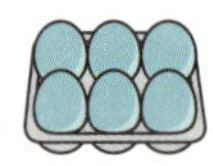 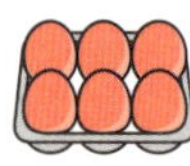 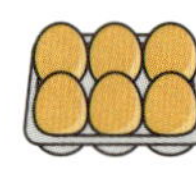  

$6 × 7 = 42$

↓+6

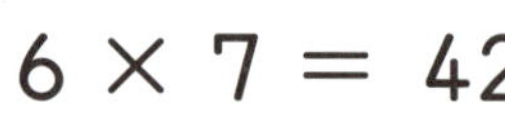 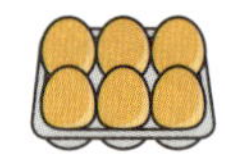 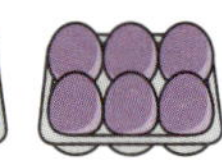 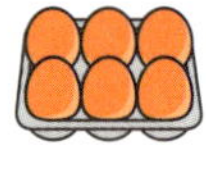 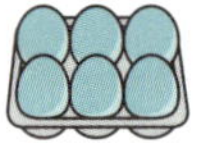 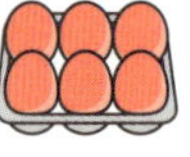 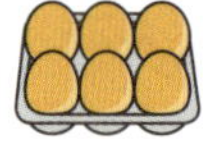 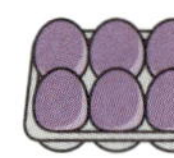 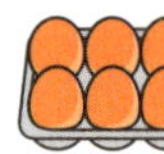

$6 × 8 = $ ☐

↓+6

 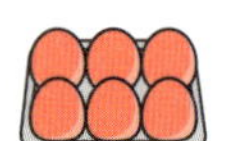 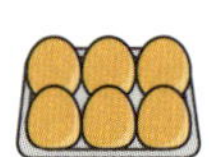 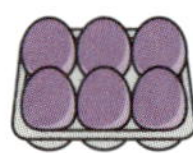 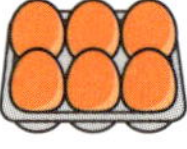 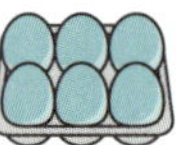 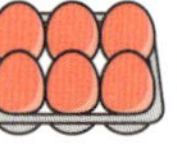 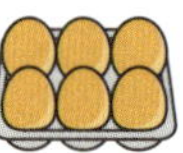 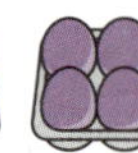 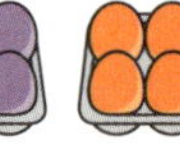

$6 × 9 = $ ☐

※ 6씩 몇 묶음인지 보고 곱셈식으로 나타내 보세요.

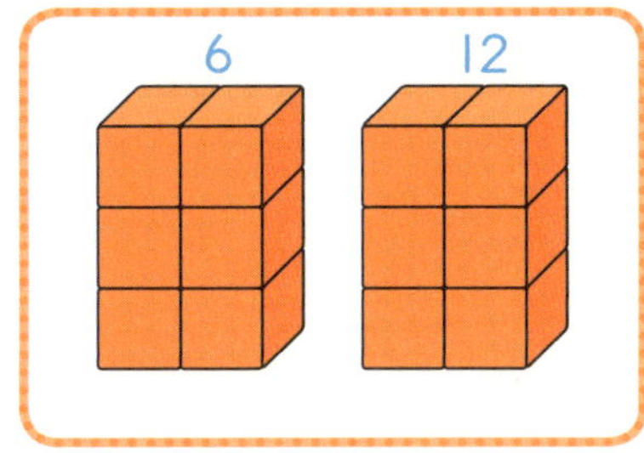

$6 \times \boxed{} = \boxed{}$

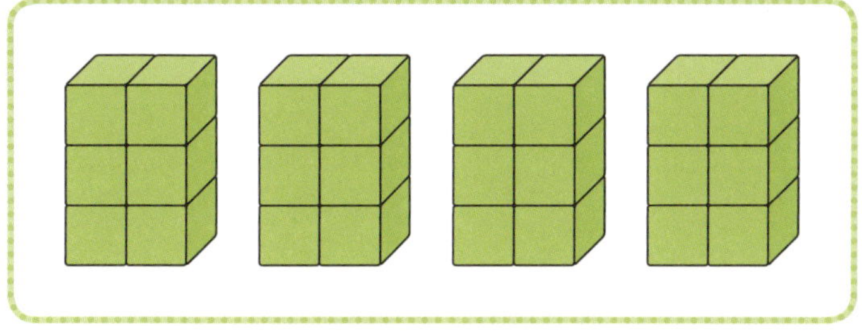

$6 \times \boxed{} = \boxed{}$

$6 \times \boxed{} = \boxed{}$

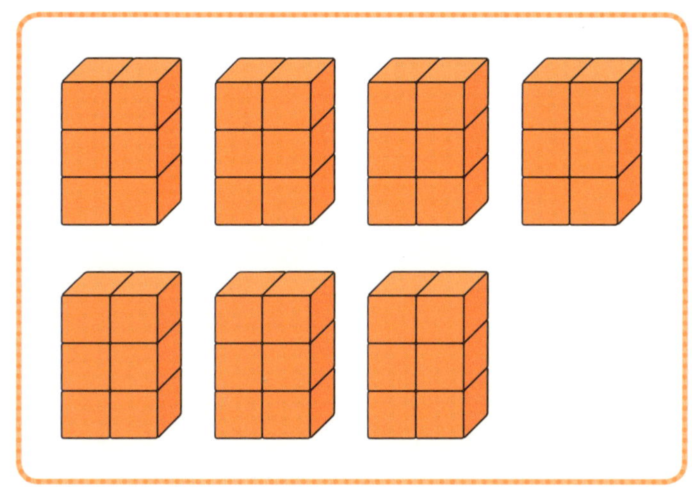

$6 \times \boxed{} = \boxed{}$

❂ 덧셈식을 보고 곱셈식으로 나타내 보세요.

| 6 | $6 \times 1 = 6$ |

| $6 + 6$ | $6 \times 2 = \boxed{}$ |

| $6 + 6 + 6$ | $6 \times \boxed{} = 18$ |

| $6 + 6 + 6 + 6$ | $6 \times \boxed{} = \boxed{}$ |

| $6 + 6 + 6 + 6 + 6$ | $6 \times 5 = \boxed{}$ |

| $6 + 6 + 6 + 6 + 6 + 6$ | $6 \times \boxed{} = \boxed{}$ |

| $6 + 6 + 6 + 6 + 6 + 6 + 6$ | $6 \times 7 = \boxed{}$ |

| $6 + 6 + 6 + 6 + 6 + 6 + 6 + 6$ | $\boxed{} \times \boxed{} = \boxed{}$ |

| $6 + 6 + 6 + 6 + 6 + 6 + 6 + 6 + 6$ | $\boxed{} \times \boxed{} = \boxed{}$ |

✿ 덧셈을 하고, 덧셈식을 곱셈식으로 나타내 보세요.

$6 + 6 + 6 = \boxed{}$

$6 \times 3 = \boxed{}$

$6 + 6 + 6 + 6 = \boxed{}$

$6 \times 4 = \boxed{}$

$6 + 6 + 6 + 6 + 6 + 6 = \boxed{}$

$6 \times \boxed{} = \boxed{}$

$6 + 6 + 6 + 6 + 6 + 6 + 6 + 6 = \boxed{}$

$6 \times \boxed{} = \boxed{}$

$6 + 6 + 6 + 6 + 6 + 6 + 6 + 6 + 6 = \boxed{}$

$6 \times \boxed{} = \boxed{}$

❁ 덧셈식을 보고 빈칸에 알맞은 수를 써넣으세요.

$6 + 6 + 6 + 6 + 6 + 6$

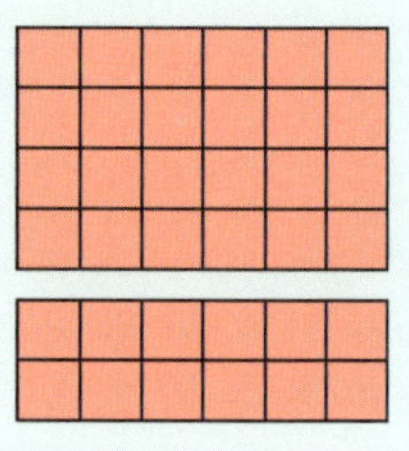

$6 \times 4 = \boxed{}$

$6 \times 2 = \boxed{}$

→ $6 \times 6 = \boxed{}$

$6 + 6 + 6 + 6 + 6 + 6 + 6$

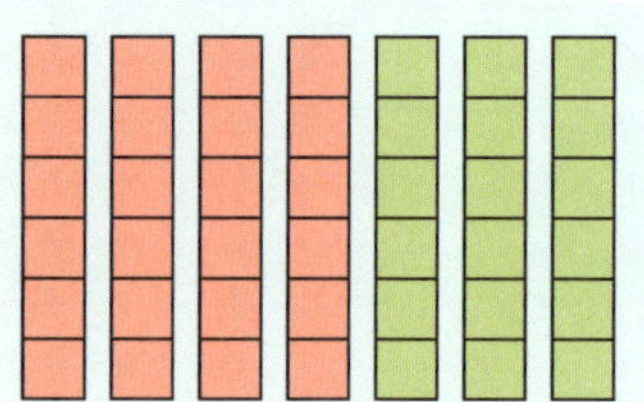

$6 \times 4 = \boxed{}$

$6 \times 3 = \boxed{}$

→ $6 \times 7 = \boxed{}$

$6 + 6 + 6 + 6 + 6 + 6 + 6 + 6$

$6 \times 4 = \boxed{}$

$6 \times 4 = \boxed{}$

→ $6 \times 8 = \boxed{}$

✿ 두 가지 색깔로 색칠하고, 곱셈식의 합으로 나타내 보세요.

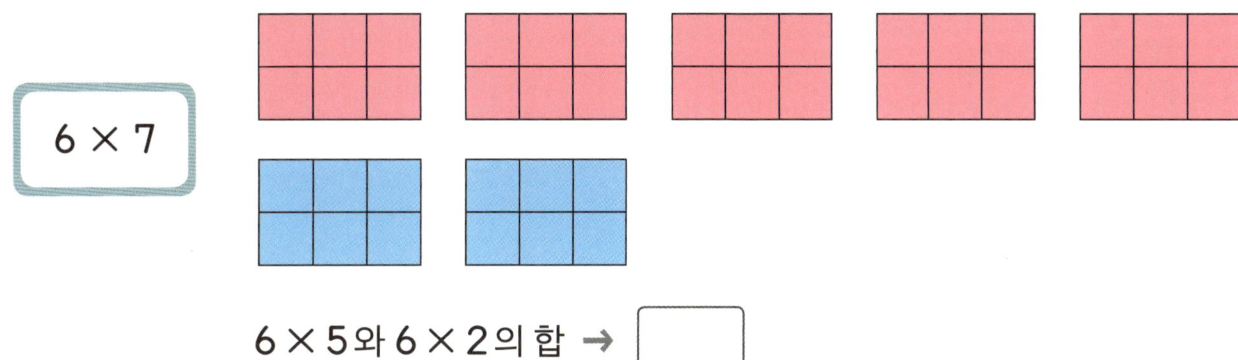

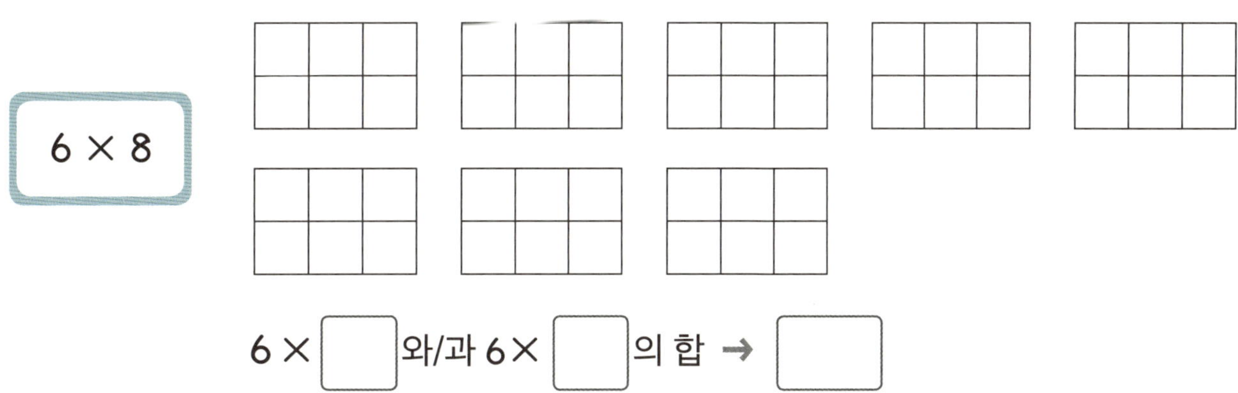

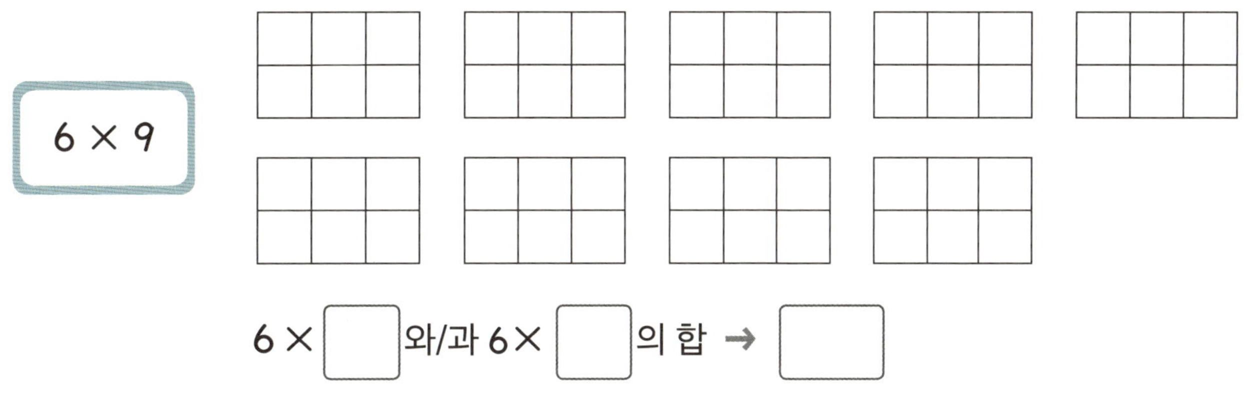

6단 쓰기

✿ 6단 곱셈구구를 차례로 써 보세요.

육　일은
$6 \times 1 = $ 　6

육　이
$6 \times 2 = $

육　삼
$6 \times 3 = $

육　사
$6 \times 4 = $

육　오
$6 \times 5 = $

육　육
$6 \times 6 = $

육　칠
$6 \times 7 = $

육　팔
$6 \times 8 = $

육　구
$6 \times 9 = $

$6 \times 1 = 6$

◆ 6단 곱셈구구를 거꾸로 써 보세요.

$6 \times 9 =$ 54

$6 \times 8 =$ _____

$6 \times 7 =$ _____

$6 \times 6 =$ _____

$6 \times 5 =$ _____

$6 \times 4 =$ _____

$6 \times 3 =$ _____

$6 \times 2 =$ _____

$6 \times 1 =$ _____

$6 \times 9 = 54$

_____

_____

_____

_____

_____

_____

_____

_____

7단

<table>
<tr><td>곱셈식</td><td>읽으면서 외우기</td></tr>
</table>

곱셈식	읽으면서 외우기
$7 \times 1 = 7$	칠 일은 칠
$7 \times 2 = 14$	칠 이 십사
$7 \times 3 = 21$	칠 삼 이십일
$7 \times 4 = 28$	칠 사 이십팔
$7 \times 5 = 35$	칠 오 삼십오
$7 \times 6 = 42$	칠 육 사십이
$7 \times 7 = 49$	칠 칠 사십구
$7 \times 8 = 56$	칠 팔 오십육
$7 \times 9 = 63$	칠 구 육십삼

뛰어 세기

7   14   21   28   35   42   49   56   63

+7   +7   +7   +7   +7   +7   +7   +7

7단 곱셈구구

10을 뛴 다음 3을 거꾸로 뛰어 세면 **7**씩 뛰어 센 것입니다.

1	2	3	4	5	6	7	8	9	10
11	12	13	14	15	16	17	18	19	20

● 7부터 7씩 뛰어 센 수에 색칠해 보세요.

1	2	3	4	5	6	7	8	9	10
11	12	13	14	15	16	17	18	19	20
21	22	23	24	25	26	27	28	29	30
31	32	33	34	35	36	37	38	39	40
41	42	43	44	45	46	47	48	49	50
51	52	53	54	55	56	57	58	59	60
61	62	63	64	65	66	67	68	69	70

7부터 7씩 뛰어 센 수를 따라 선으로 이어 보세요.

7	12	26	30
14	21	28	34
20	48	42	35
27	49	54	58
59	53	56	63

● **7**씩 묶음을 보고 곱셈식으로 나타내 보세요.

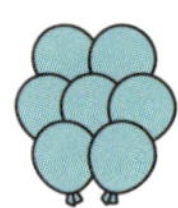 $7 \times 1 = 7$

$\downarrow +7$

 $7 \times 2 = \boxed{}$

$\downarrow +7$

 $7 \times 3 = 21$

$\downarrow +7$

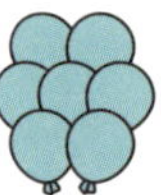 $7 \times 4 = \boxed{}$

$\downarrow +7$

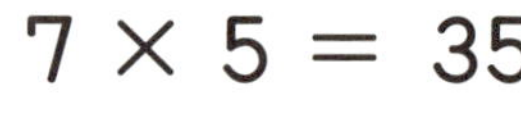 $7 \times 5 = 35$

$\downarrow +7$

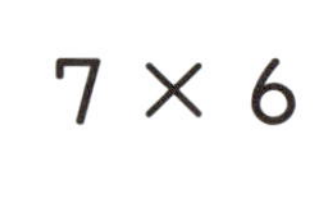 $7 \times 6 = \boxed{}$

$\downarrow +7$

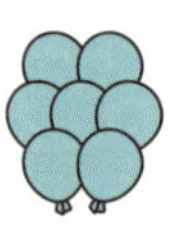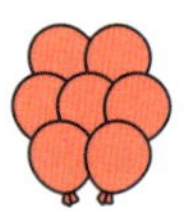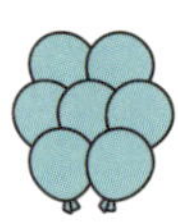 $7 \times 7 = 49$

$\downarrow +7$

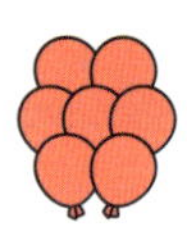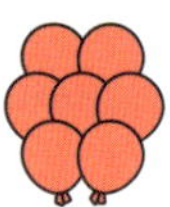 $7 \times 8 = \boxed{}$

$\downarrow +7$

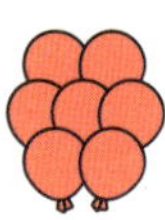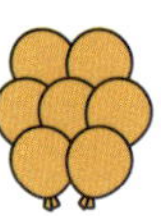 $7 \times 9 = \boxed{}$

❂ **7씩 몇 묶음인지 보고 곱셈식으로 나타내 보세요.**

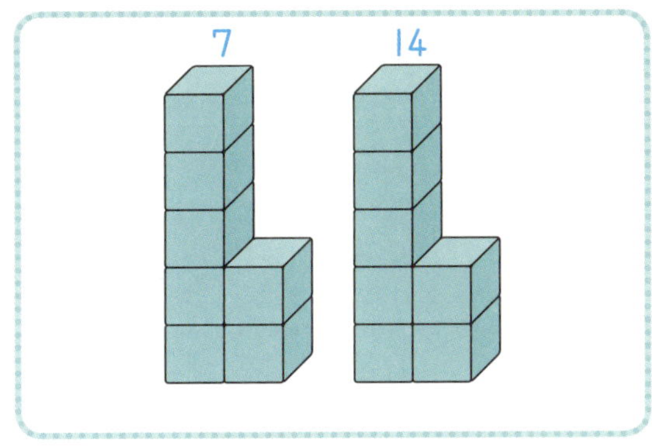

$$7 \times \boxed{} = \boxed{}$$

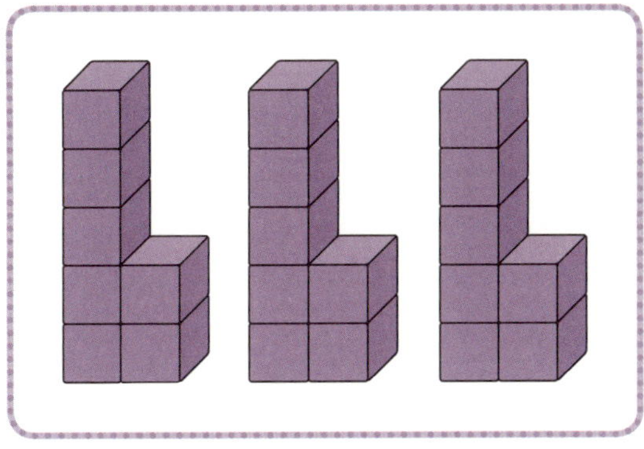

$$7 \times \boxed{} = \boxed{}$$

$$7 \times \boxed{} = \boxed{}$$

$$7 \times \boxed{} = \boxed{}$$

7씩 더하기

덧셈식을 보고 곱셈식으로 나타내 보세요.

덧셈식	곱셈식
7	$7 \times 1 = 7$
$7 + 7$	$7 \times 2 = 14$
$7 + 7 + 7$	$7 \times \square = \square$
$7 + 7 + 7 + 7$	$7 \times 4 = \square$
$7 + 7 + 7 + 7 + 7$	$7 \times \square = \square$
$7 + 7 + 7 + 7 + 7 + 7$	$7 \times 6 = \square$
$7 + 7 + 7 + 7 + 7 + 7 + 7$	$7 \times \square = \square$
$7 + 7 + 7 + 7 + 7 + 7 + 7 + 7$	$\square \times \square = \square$
$7 + 7 + 7 + 7 + 7 + 7 + 7 + 7 + 7$	$\square \times \square = \square$

✿ 덧셈을 하고, 덧셈식을 곱셈식으로 나타내 보세요.

$7 + 7 = \boxed{}$

$7 \times 2 = \boxed{}$

$7 + 7 + 7 + 7 = \boxed{}$

$7 \times 4 = \boxed{}$

$7 + 7 + 7 + 7 + 7 = \boxed{}$

$7 \times \boxed{} = \boxed{}$

$7 + 7 + 7 + 7 + 7 + 7 + 7 = \boxed{}$

$7 \times \boxed{} = \boxed{}$

$7 + 7 + 7 + 7 + 7 + 7 + 7 + 7 + 7 = \boxed{}$

$7 \times \boxed{} = \boxed{}$

◎ 덧셈식을 보고 빈칸에 알맞은 수를 써넣으세요.

7 + 7 + 7 + 7 + 7 + 7

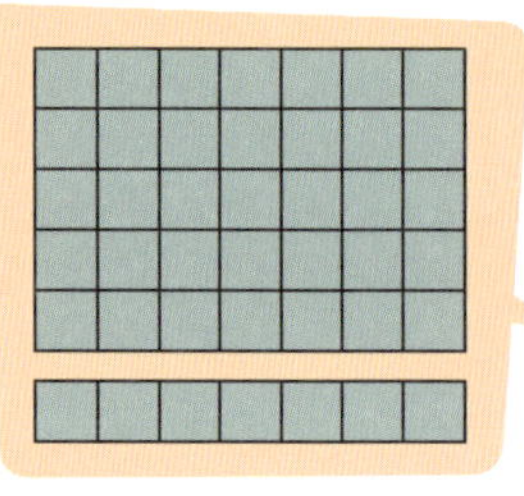

$7 \times 5 =$

$7 \times 1 =$

$\rightarrow$ $7 \times 6 =$

7 + 7 + 7 + 7 + 7 + 7 + 7

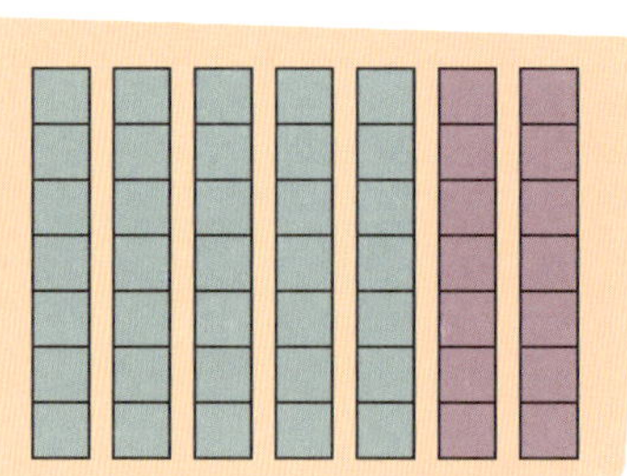

$7 \times 5 =$

$7 \times 2 =$

$\rightarrow$ $7 \times 7 =$

7 + 7 + 7 + 7 + 7 + 7 + 7 + 7

$7 \times 4 =$

$7 \times 4 =$

$\rightarrow$ $7 \times 8 =$

두 가지 색깔로 색칠하고, 곱셈식의 합으로 나타내 보세요.

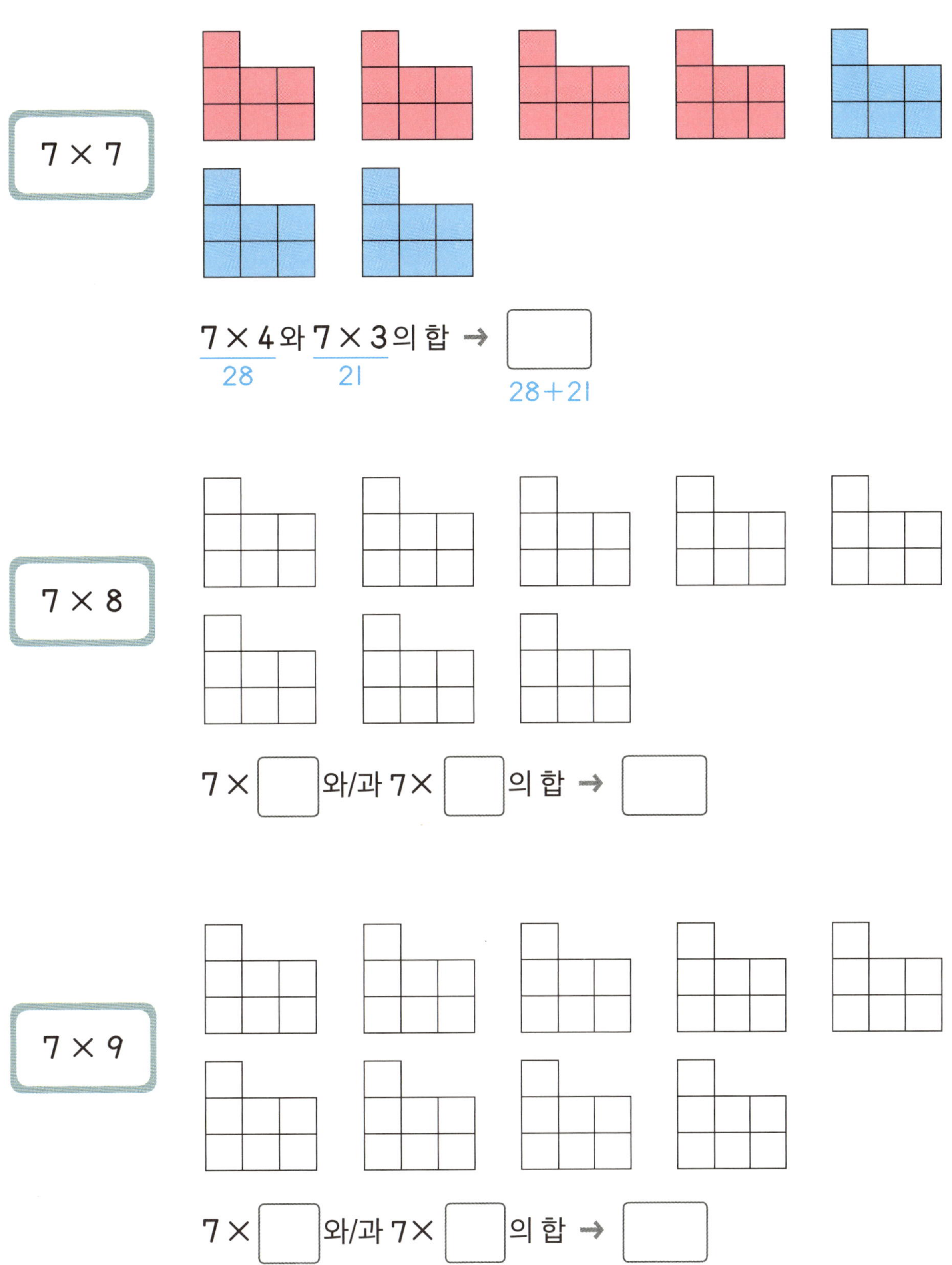

7 × 7

7 × 4와 7 × 3의 합 →
28   21
28+21

7 × 8

7 × ☐ 와/과 7 × ☐ 의 합 → ☐

7 × 9

7 × ☐ 와/과 7 × ☐ 의 합 → ☐

7단 쓰기

● **7단 곱셈구구를 차례로 써 보세요.**

칠 일은
$7 \times 1 =$ 7

칠 이
$7 \times 2 =$

칠 삼
$7 \times 3 =$

칠 사
$7 \times 4 =$

칠 오
$7 \times 5 =$

칠 육
$7 \times 6 =$

칠 칠
$7 \times 7 =$

칠 팔
$7 \times 8 =$

칠 구
$7 \times 9 =$

$7 \times 1 = 7$

◦ **7단 곱셈구구를 거꾸로 써 보세요.**

<table>
<tr><td>

$7 \times 9 =$ _63_

$7 \times 8 =$ ______

$7 \times 7 =$ ______

$7 \times 6 =$ ______

$7 \times 5 =$ ______

$7 \times 4 =$ ______

$7 \times 3 =$ ______

$7 \times 2 =$ ______

$7 \times 1 =$ ______

</td><td>

$7 \times 9 = 63$

______

______

______

______

______

______

______

______

</td></tr>
</table>

8단

$8 \times 1 = 8$

$8 \times 2 = 16$

$8 \times 3 = 24$

$8 \times 4 = 32$

$8 \times 5 = 40$

$8 \times 6 = 48$

$8 \times 7 = 56$

$8 \times 8 = 64$

$8 \times 9 = 72$

팔 일은 팔

팔 이 십육

팔 삼 이십사

팔 사 삼십이

팔 오 사십

팔 육 사십팔

팔 칠 오십육

팔 팔 육십사

팔 구 칠십이

8단은 일의 자리 숫자가 2씩 작아져요.

뛰어 세기

8	16	24	32	40	48	56	64	72

+8 +8 +8 +8 +8 +8 +8 +8

8단 곱셈구구

4씩 2번 뛰어 세면 8씩 뛰어 센 것입니다.

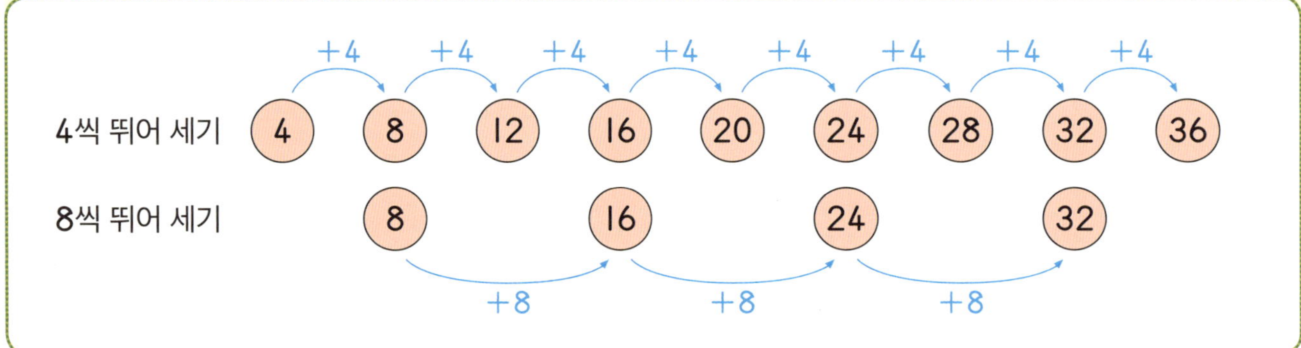

❀ 8부터 8씩 뛰어 센 수에 색칠해 보세요.

1	2	3	4	5	6	7	8	9	10
11	12	13	14	15	16	17	18	19	20
21	22	23	24	25	26	27	28	29	30
31	32	33	34	35	36	37	38	39	40
41	42	43	44	45	46	47	48	49	60
51	52	53	54	55	56	57	58	59	60
61	62	63	64	65	66	67	68	69	70
71	72	73	74	75	76	77	78	79	80

❀ 8부터 8씩 뛰어 센 수를 따라 선으로 이어 보세요.

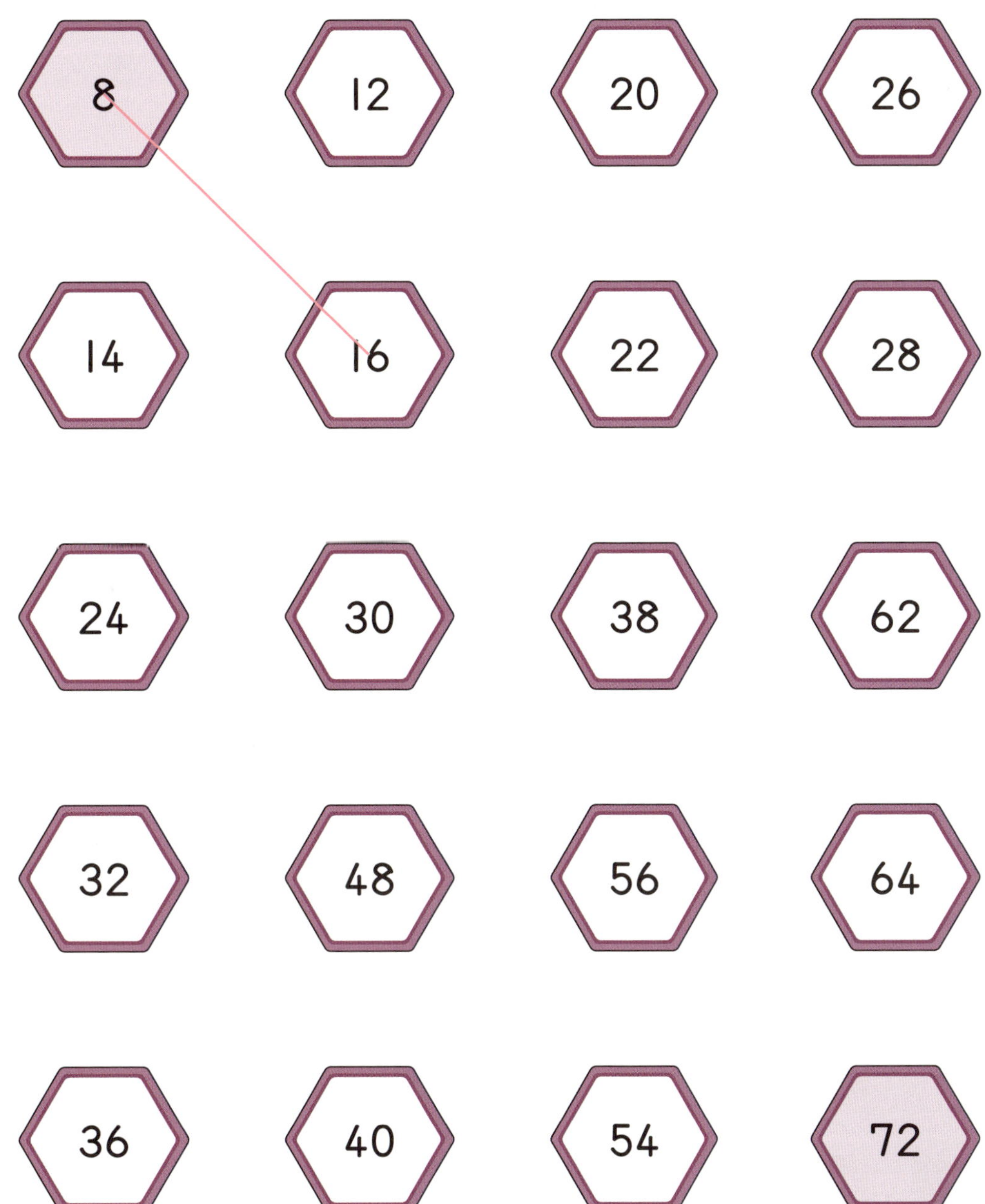

🌸 8씩 묶음을 보고 곱셈식으로 나타내 보세요.

$8 \times 1 = 8$

↓+8

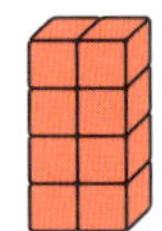

$8 \times 2 = 16$

↓+8

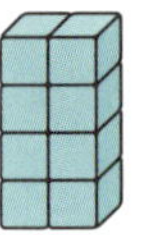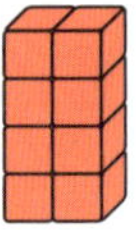

$8 \times 3 = \boxed{}$

↓+8

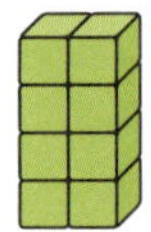

$8 \times 4 = \boxed{}$

↓+8

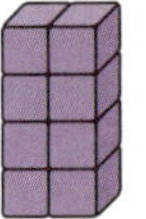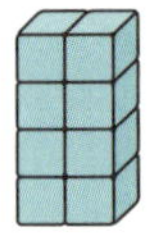

$8 \times 5 = 40$

↓+8

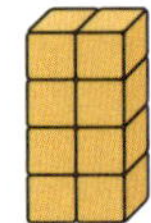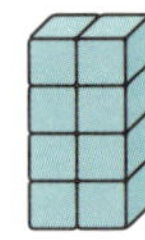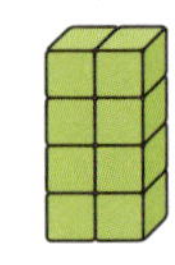

$8 \times 6 = \boxed{}$

↓+8

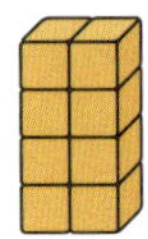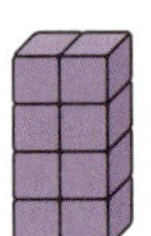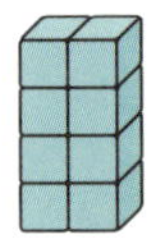

$8 \times 7 = \boxed{}$

↓+8

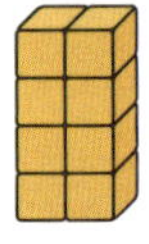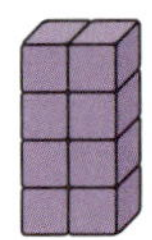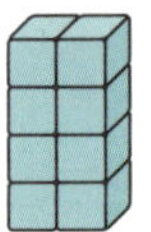

$8 \times 8 = 64$

↓+8

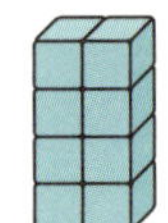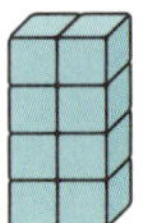

$8 \times 9 = \boxed{}$

✿ 8씩 몇 묶음인지 보고 곱셈식으로 나타내 보세요.

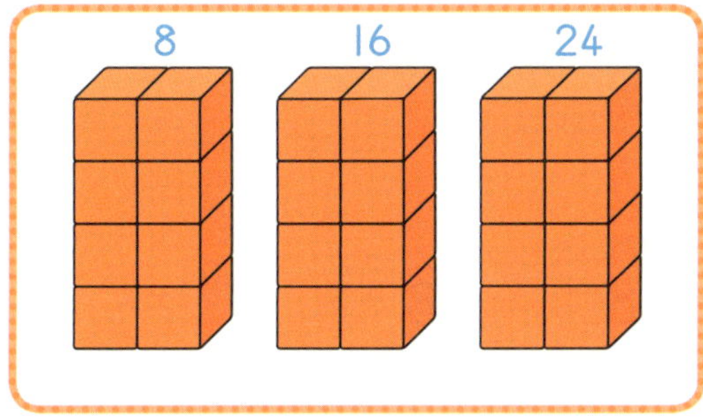

$8 \times \boxed{} = \boxed{}$

$8 \times \boxed{} = \boxed{}$

$8 \times \boxed{} = \boxed{}$

$8 \times \boxed{} = \boxed{}$

8씩 더하기

덧셈식을 보고 곱셈식으로 나타내 보세요.

8단은 4단의 2배예요.
$4 \times 1 = 4 \rightarrow 8 \times 1 = 8$
$4 \times 2 = 8 \rightarrow 8 \times 2 = 16$
$4 \times 3 = 12 \rightarrow 8 \times 3 = 24$

덧셈식	곱셈식
8	$8 \times 1 = 8$
$8 + 8$	$8 \times 2 = \boxed{}$
$8 + 8 + 8$	$8 \times \boxed{} = \boxed{}$
$8 + 8 + 8 + 8$	$8 \times \boxed{} = 32$
$8 + 8 + 8 + 8 + 8$	$8 \times 5 = \boxed{}$
$8 + 8 + 8 + 8 + 8 + 8$	$8 \times 6 = \boxed{}$
$8 + 8 + 8 + 8 + 8 + 8 + 8$	$8 \times \boxed{} = 56$
$8 + 8 + 8 + 8 + 8 + 8 + 8 + 8$	$\boxed{} \times \boxed{} = \boxed{}$
$8 + 8 + 8 + 8 + 8 + 8 + 8 + 8 + 8$	$\boxed{} \times \boxed{} = \boxed{}$

❇ 덧셈을 하고, 덧셈식을 곱셈식으로 나타내 보세요.

$8 + 8 + 8 = \boxed{}$

$8 \times 3 = \boxed{}$

$8 + 8 + 8 + 8 = \boxed{}$

$8 \times 4 = \boxed{}$

$8 + 8 + 8 + 8 + 8 + 8 = \boxed{}$

$8 \times \boxed{} = \boxed{}$

$8 + 8 + 8 + 8 + 8 + 8 + 8 + 8 = \boxed{}$

$8 \times \boxed{} = \boxed{}$

$8 + 8 + 8 + 8 + 8 + 8 + 8 + 8 + 8 = \boxed{}$

$8 \times \boxed{} = \boxed{}$

덧셈식을 보고 빈칸에 알맞은 수를 써넣으세요.

$8 + 8 + 8 + 8 + 8 + 8$

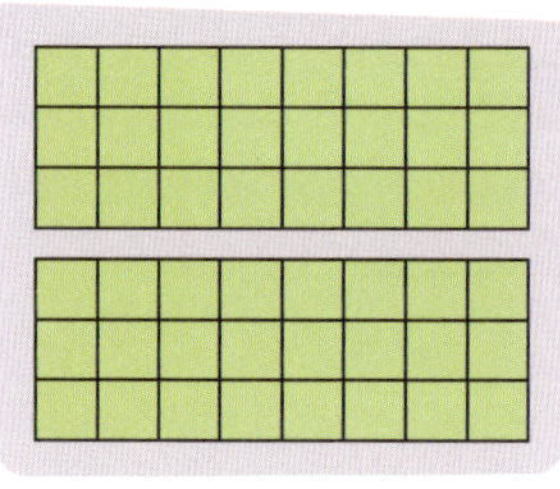

$8 \times 3 = \boxed{}$

$8 \times 3 = \boxed{}$

→ $8 \times 6 = \boxed{}$

$8 + 8 + 8 + 8 + 8 + 8 + 8$

$8 \times 5 = \boxed{}$

$8 \times 2 = \boxed{}$

→ $8 \times 7 = \boxed{}$

$8 + 8 + 8 + 8 + 8 + 8 + 8 + 8$

$8 \times 5 = \boxed{}$

$8 \times 3 = \boxed{}$

→ $8 \times 8 = \boxed{}$

두 가지 색깔로 색칠하고, 곱셈식의 합으로 나타내 보세요.

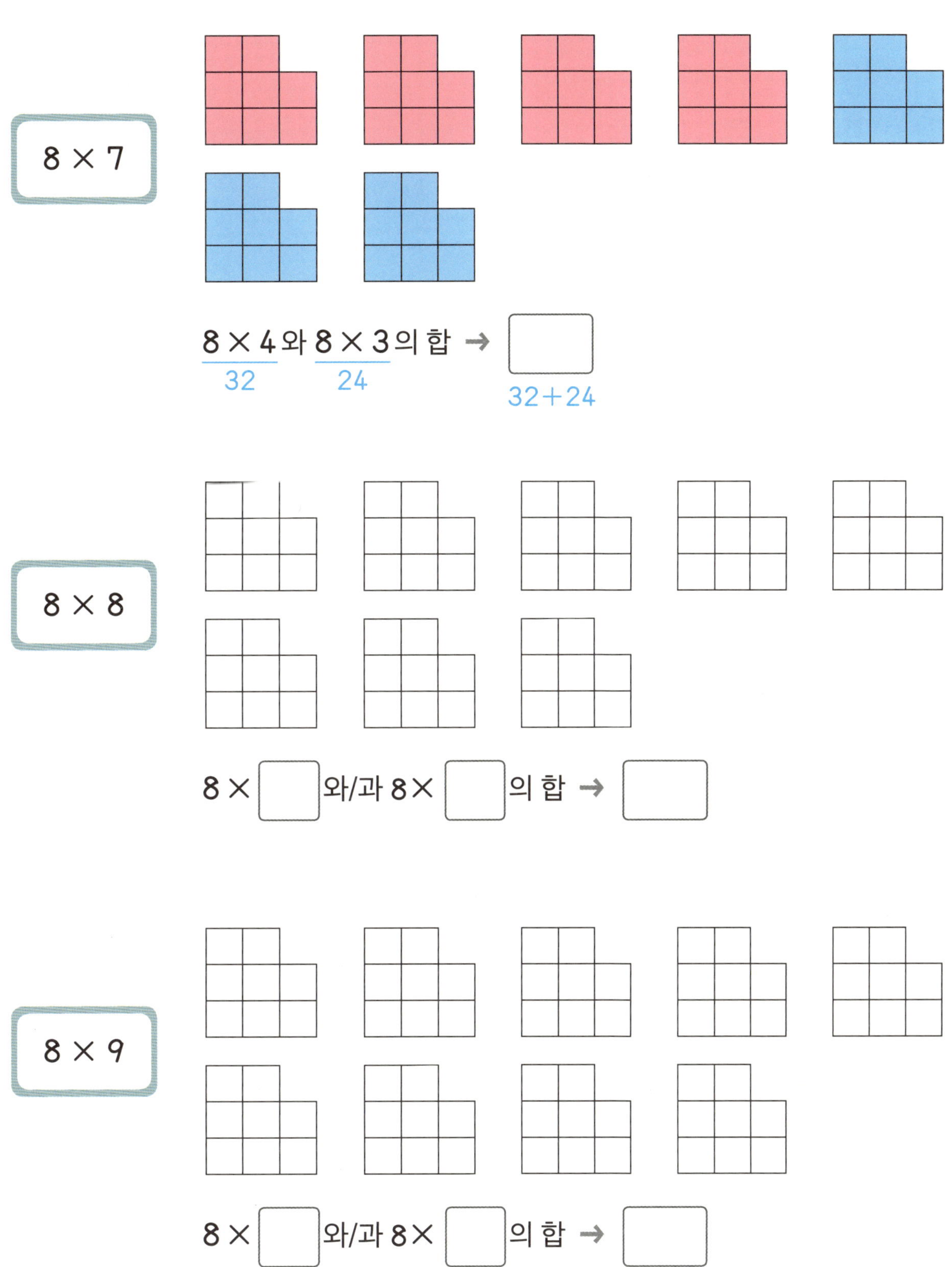

8 × 7

8 × 4 와 8 × 3 의 합 →
32   24
32+24

8 × 8

8 × ☐ 와/과 8 × ☐ 의 합 → ☐

8 × 9

8 × ☐ 와/과 8 × ☐ 의 합 → ☐

◉ 8단 곱셈구구를 차례로 써 보세요.

팔　　일은
$8 \times 1 =$ 　8

팔　　이
$8 \times 2 =$

팔　　삼
$8 \times 3 =$

팔　　사
$8 \times 4 =$

팔　　오
$8 \times 5 =$

팔　　육
$8 \times 6 =$

팔　　칠
$8 \times 7 =$

팔　　팔
$8 \times 8 =$

팔　　구
$8 \times 9 =$

$8 \times 1 = 8$

⊕ 8단 곱셈구구를 거꾸로 써 보세요.

<table>
<tr><td>

$8 \times 9 =$ 72

$8 \times 8 =$ ____

$8 \times 7 =$ ____

$8 \times 6 =$ ____

$8 \times 5 =$ ____

$8 \times 4 =$ ____

$8 \times 3 =$ ____

$8 \times 2 =$ ____

$8 \times 1 =$ ____

</td><td>

$8 \times 9 = 72$

____

____

____

____

____

____

____

____

</td></tr>
</table>

9단

9 × 1 = 9

9 × 2 = 18

9 × 3 = 27

9 × 4 = 36

9 × 5 = 45

9 × 6 = 54

9 × 7 = 63

9 × 8 = 72

9 × 9 = 81

구 일은 구

구 이 십팔

구 삼 이십칠

구 사 삼십육

구 오 사십오

구 육 오십사

구 칠 육십삼

구 팔 칠십이

구 구 팔십일

9단의 십의 자리 숫자는 1씩 커지고,
일의 자리 숫자는 1씩 작아져요.

뛰어 세기

9 — 18 — 27 — 36 — 45 — 54 — 63 — 72 — 81

+9 +9 +9 +9 +9 +9 +9 +9

9씩 뛰어 세기

9부터 90까지 9씩 뛰어 세면 십의 자리 숫자는 1씩 커지고, 일의 자리 숫자는 1씩 작아집니다.

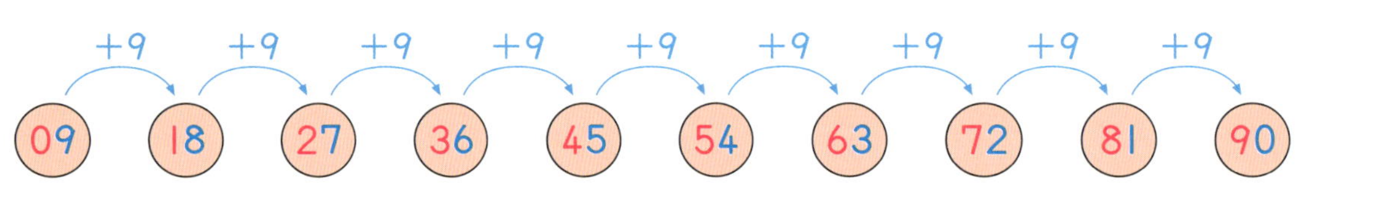

● 9부터 9씩 뛰어 센 수에 색칠해 보세요.

1	2	3	4	5	6	7	8	9	10
11	12	13	14	15	16	17	18	19	20
21	22	23	24	25	26	27	28	29	30
31	32	33	34	35	36	37	38	39	40
41	42	43	44	45	46	47	48	49	60
51	52	53	54	55	56	57	58	59	60
61	62	63	64	65	66	67	68	69	70
71	72	73	74	75	76	77	78	79	80
81	82	83	84	85	86	87	88	89	90

9부터 9씩 뛰어 센 수를 따라 선으로 이어 보세요.

◎ 9씩 묶음을 보고 곱셈식으로 나타내 보세요.

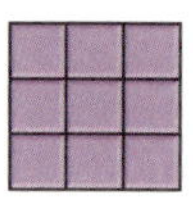 $9 \times 1 = 9$

↓+9

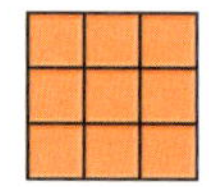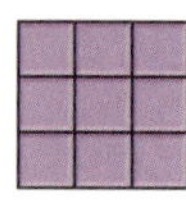 $9 \times 2 = $ ☐

↓+9

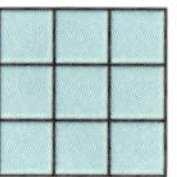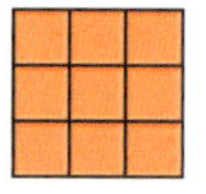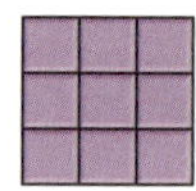 $9 \times 3 = 27$

↓+9

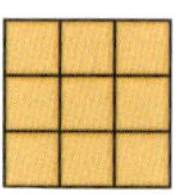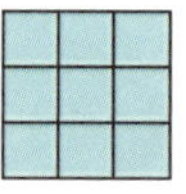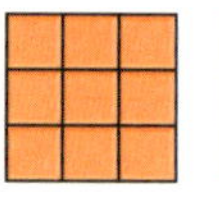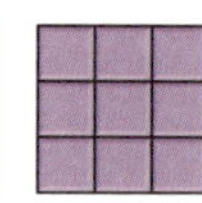 $9 \times 4 = $ ☐

↓+9

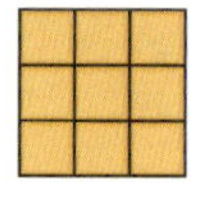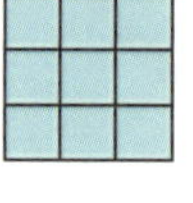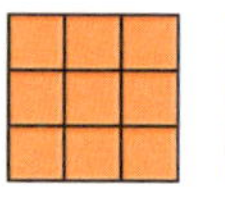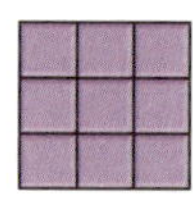 $9 \times 5 = $ ☐

↓+9

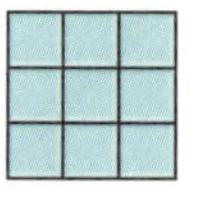 $9 \times 6 = 54$

↓+9

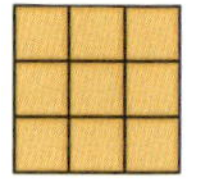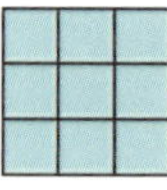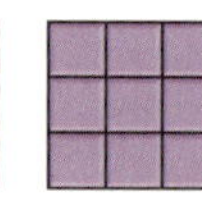 $9 \times 7 = $ ☐

↓+9

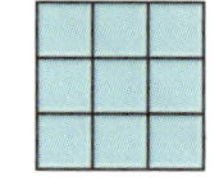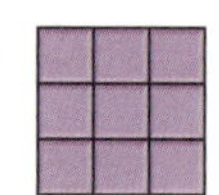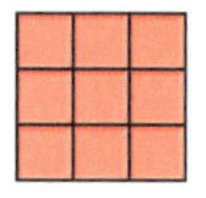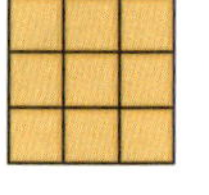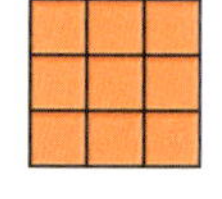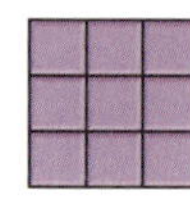 $9 \times 8 = $ ☐

↓+9

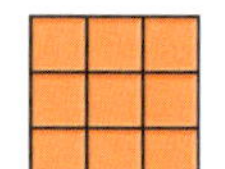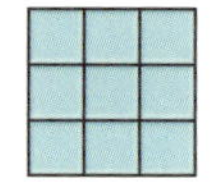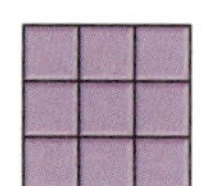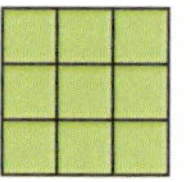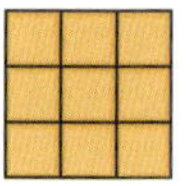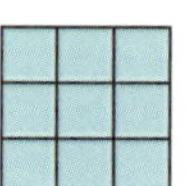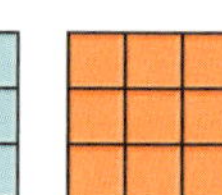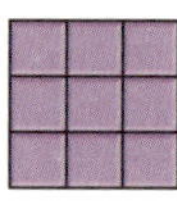 $9 \times 9 = $ ☐

9씩 몇 묶음인지 보고 곱셈식으로 나타내 보세요.

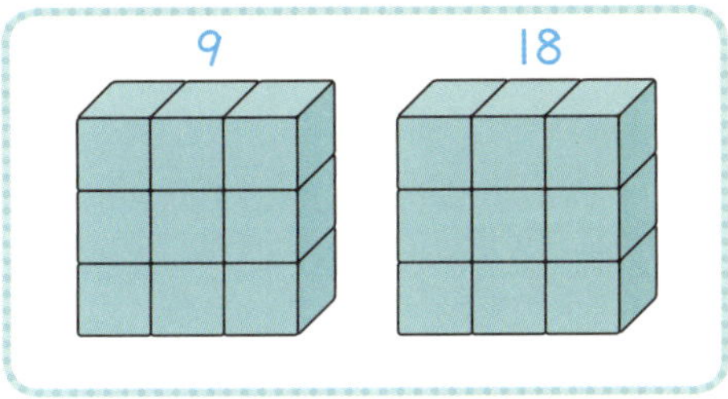

$9 \times \boxed{} = \boxed{}$

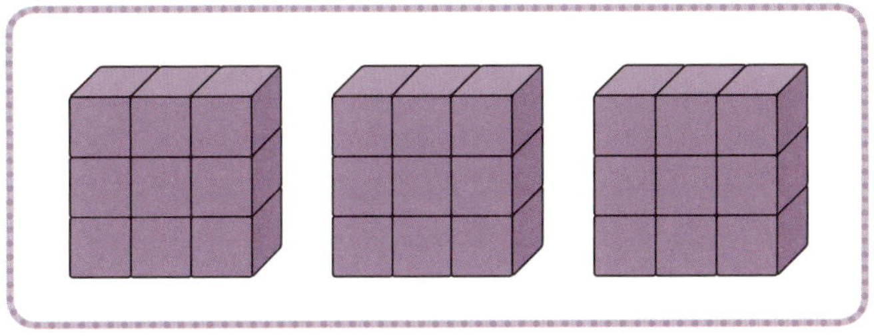

$9 \times \boxed{} = \boxed{}$

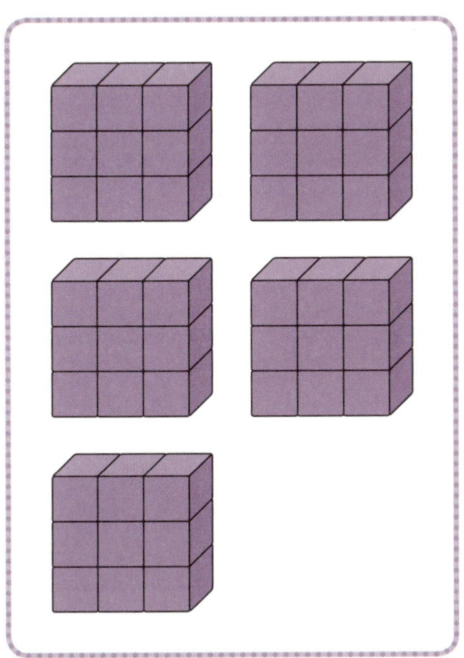

$9 \times \boxed{} = \boxed{}$

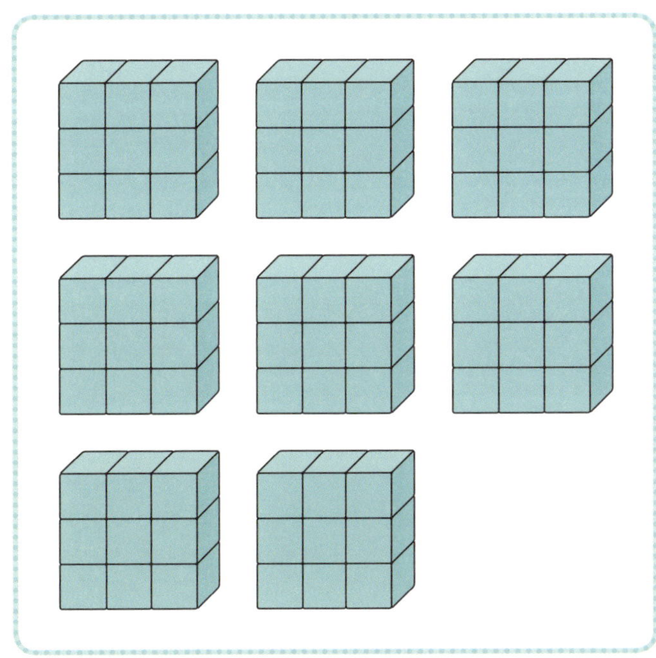

$9 \times \boxed{} = \boxed{}$

◉ 덧셈식을 보고 곱셈식으로 나타내 보세요.

9   9 × 1 = ☐

9 + 9   9 × ☐ = 18

9 + 9 + 9   9 × 3 = ☐

9 + 9 + 9 + 9   9 × ☐ = 36

9 + 9 + 9 + 9 + 9   9 × 5 = ☐

9 + 9 + 9 + 9 + 9 + 9   9 × ☐ = ☐

9 + 9 + 9 + 9 + 9 + 9 + 9   9 × 7 = ☐

9 + 9 + 9 + 9 + 9 + 9 + 9 + 9   ☐ × ☐ = ☐

9 + 9 + 9 + 9 + 9 + 9 + 9 + 9 + 9   ☐ × ☐ = ☐

● 덧셈을 하고, 덧셈식을 곱셈식으로 나타내 보세요.

$9 + 9 + 9 = \boxed{}$

$9 \times 3 = \boxed{}$

$9 + 9 + 9 + 9 = \boxed{}$

$9 \times 4 = \boxed{}$

$9 + 9 + 9 + 9 + 9 = \boxed{}$

$9 \times \boxed{} = \boxed{}$

$9 + 9 + 9 + 9 + 9 + 9 + 9 = \boxed{}$

$9 \times \boxed{} = \boxed{}$

$9 + 9 + 9 + 9 + 9 + 9 + 9 + 9 + 9 = \boxed{}$

$9 \times \boxed{} = \boxed{}$

덧셈식을 보고 빈칸에 알맞은 수를 써넣으세요.

9 + 9 + 9 + 9 + 9 + 9

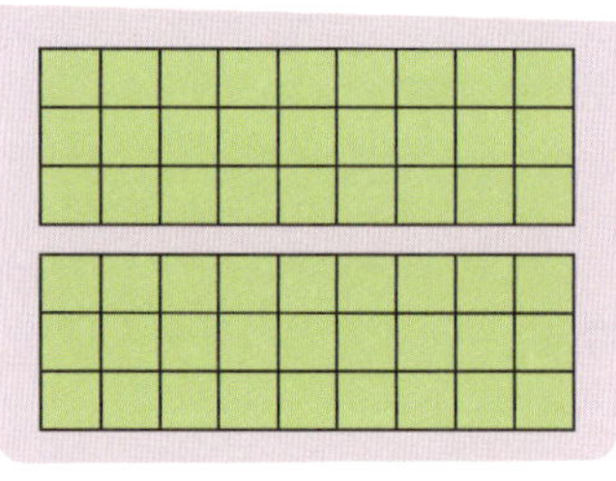

9 × 3 = ☐
9 × 3 = ☐

→　9 × 6 = ☐

9 + 9 + 9 + 9 + 9 + 9 + 9

9 × 5 = ☐
9 × 2 = ☐

→　9 × 7 = ☐

9 + 9 + 9 + 9 + 9 + 9 + 9 + 9

9 × 4 = ☐
9 × 4 = ☐

→　9 × 8 = ☐

두 가지 색깔로 색칠하고, 곱셈식의 합으로 나타내 보세요.

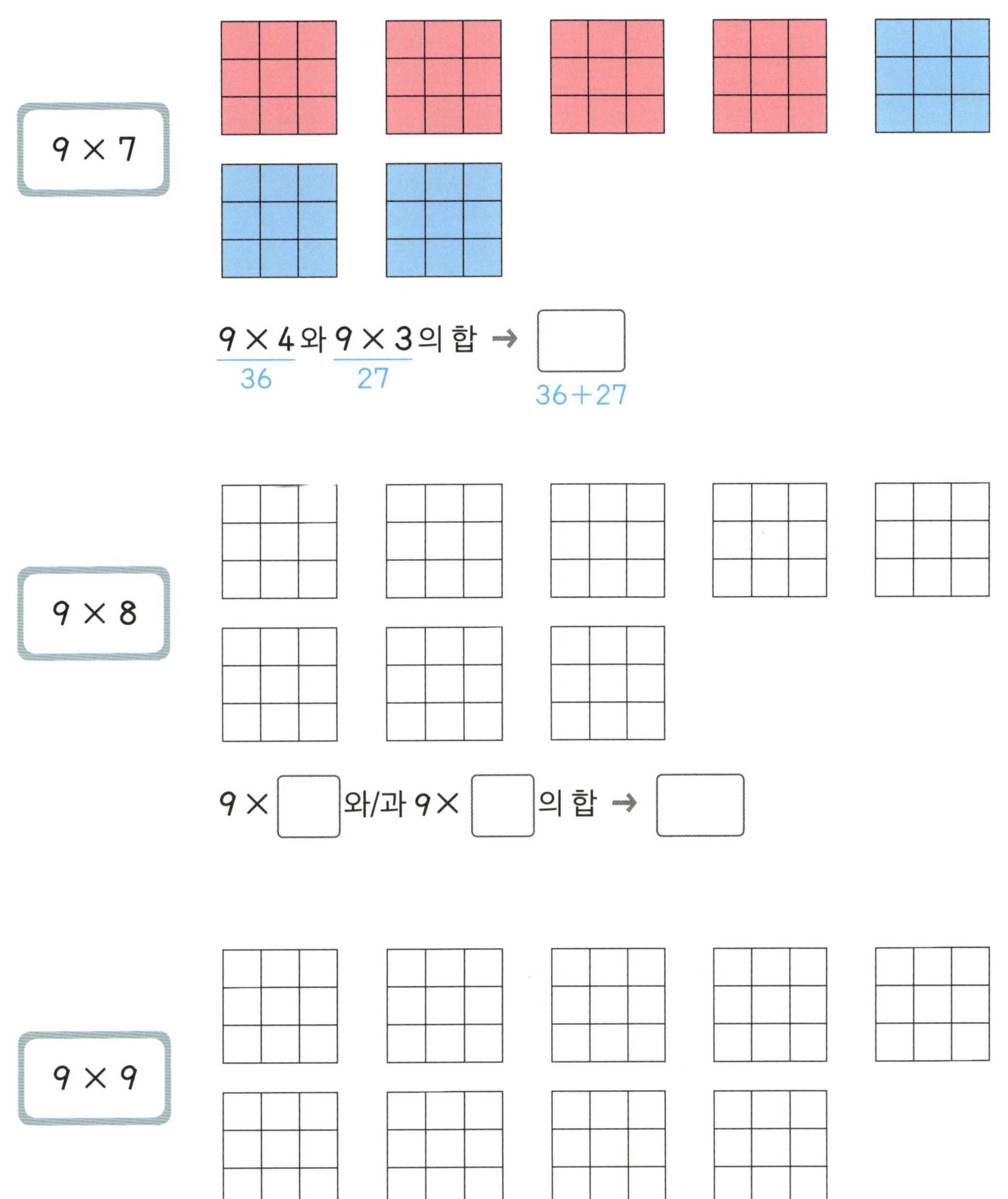

9×7

9×4와 9×3의 합 →
36　27　36+27

9×8

$9 \times \boxed{}$와/과 $9 \times \boxed{}$의 합 → $\boxed{}$

9×9

$9 \times \boxed{}$와/과 $9 \times \boxed{}$의 합 → $\boxed{}$

● 9단 곱셈구구를 차례로 써 보세요.

구　일은
$9 \times 1 = \underline{\quad 9 \quad}$

구　이
$9 \times 2 = \underline{\qquad}$

구　삼
$9 \times 3 = \underline{\qquad}$

구　사
$9 \times 4 = \underline{\qquad}$

구　오
$9 \times 5 = \underline{\qquad}$

구　육
$9 \times 6 = \underline{\qquad}$

구　칠
$9 \times 7 = \underline{\qquad}$

구　팔
$9 \times 8 = \underline{\qquad}$

구　구
$9 \times 9 = \underline{\qquad}$

$9 \times 1 = 9$

● 9단 곱셈구구를 거꾸로 써 보세요.

$9 \times 9 =$ 81

$9 \times 8 =$ ______

$9 \times 7 =$ ______

$9 \times 6 =$ ______

$9 \times 5 =$ ______

$9 \times 4 =$ ______

$9 \times 3 =$ ______

$9 \times 2 =$ ______

$9 \times 1 =$ ______

$9 \times 9 = 81$

______

______

______

______

______

______

______

______

6단

$6 \times 1 = 6$

$6 \times 2 = 12$

$6 \times 3 = 18$

$6 \times 4 = 24$

$6 \times 5 = 30$

$6 \times 6 = 36$

$6 \times 7 = 42$

$6 \times 8 = 48$

$6 \times 9 = 54$

7단

$7 \times 1 = 7$

$7 \times 2 = 14$

$7 \times 3 = 21$

$7 \times 4 = 28$

$7 \times 5 = 35$

$7 \times 6 = 42$

$7 \times 7 = 49$

$7 \times 8 = 56$

$7 \times 9 = 63$

8단

$8 \times 1 = 8$

$8 \times 2 = 16$

$8 \times 3 = 24$

$8 \times 4 = 32$

$8 \times 5 = 40$

$8 \times 6 = 48$

$8 \times 7 = 56$

$8 \times 8 = 64$

$8 \times 9 = 72$

9단

$9 \times 1 = 9$

$9 \times 2 = 18$

$9 \times 3 = 27$

$9 \times 4 = 36$

$9 \times 5 = 45$

$9 \times 6 = 54$

$9 \times 7 = 63$

$9 \times 8 = 72$

$9 \times 9 = 81$

✿ 6단 곱셈구구의 값을 찾아 모두 ◯표 하세요.

4	6	7	12	18
20	24	26	30	36
39	42	48	54	56

✿ 7단 곱셈구구의 값을 찾아 모두 ◯표 하세요.

7	11	14	21	24
26	28	35	39	42
48	49	54	56	63

✿ **8**단 곱셈구구의 값을 작은 수부터 차례로 이어 보세요.

✿ **9**단 곱셈구구의 값을 작은 수부터 차례로 이어 보세요.

바꾸어 곱하기

⚘ 빈칸에 알맞은 수를 써넣으세요.

6×2 = $2 \times \boxed{6}$ = $\boxed{12}$

6×3 = $3 \times \boxed{}$ = $\boxed{}$

6×4 = $4 \times \boxed{}$ = $\boxed{}$

6×5 = $5 \times \boxed{}$ = $\boxed{}$

7×2 = $\boxed{} \times 7$ = $\boxed{}$

7×3 = $\boxed{} \times 7$ = $\boxed{}$

7×4 = $\boxed{} \times 7$ = $\boxed{}$

7×5 = $\boxed{} \times 7$ = $\boxed{}$

✿ 빈칸에 알맞은 수를 써넣으세요.

8×2 = $2 \times \boxed{}$ = $\boxed{}$

8×3 = $3 \times \boxed{}$ = $\boxed{}$

8×4 = $4 \times \boxed{}$ = $\boxed{}$

8×5 = $5 \times \boxed{}$ = $\boxed{}$

9×2 = $\boxed{} \times 9$ = $\boxed{}$

9×3 = $\boxed{} \times 9$ = $\boxed{}$

9×4 = $\boxed{} \times 9$ = $\boxed{}$

9×5 = $\boxed{} \times 9$ = $\boxed{}$

● 빈칸에 알맞은 수를 써넣으세요.

$6 \times 3 =$ ☐ $7 \times 6 =$ ☐

$9 \times 8 =$ ☐ $8 \times 4 =$ ☐

$7 \times 1 =$ ☐ $9 \times 9 =$ ☐

$6 \times 5 =$ ☐ $9 \times 3 =$ ☐

$8 \times 8 =$ ☐ $6 \times 1 =$ ☐

$6 \times 9 =$ ☐ $7 \times 9 =$ ☐

$9 \times 2 =$ ☐ $8 \times 6 =$ ☐

$8 \times 3 =$ ☐ $6 \times 4 =$ ☐

$7 \times 4 =$ ☐ $9 \times 1 =$ ☐

✿ 빈칸에 알맞은 수를 써넣으세요.

$8 \times 1 = \square$　　　　$9 \times 5 = \square$

$6 \times 2 = \square$　　　　$6 \times 8 = \square$

$7 \times 3 = \square$　　　　$7 \times 7 = \square$

$8 \times 7 = \square$　　　　$8 \times 2 = \square$

$9 \times 7 = \square$　　　　$7 \times 5 = \square$

$7 \times 8 = \square$　　　　$8 \times 5 = \square$

$9 \times 4 = \square$　　　　$9 \times 6 = \square$

$7 \times 2 = \square$　　　　$6 \times 6 = \square$

$6 \times 7 = \square$　　　　$8 \times 9 = \square$

🌀 6단과 7단 곱셈구구의 값입니다. 빈칸에 알맞은 수를 써넣으세요.

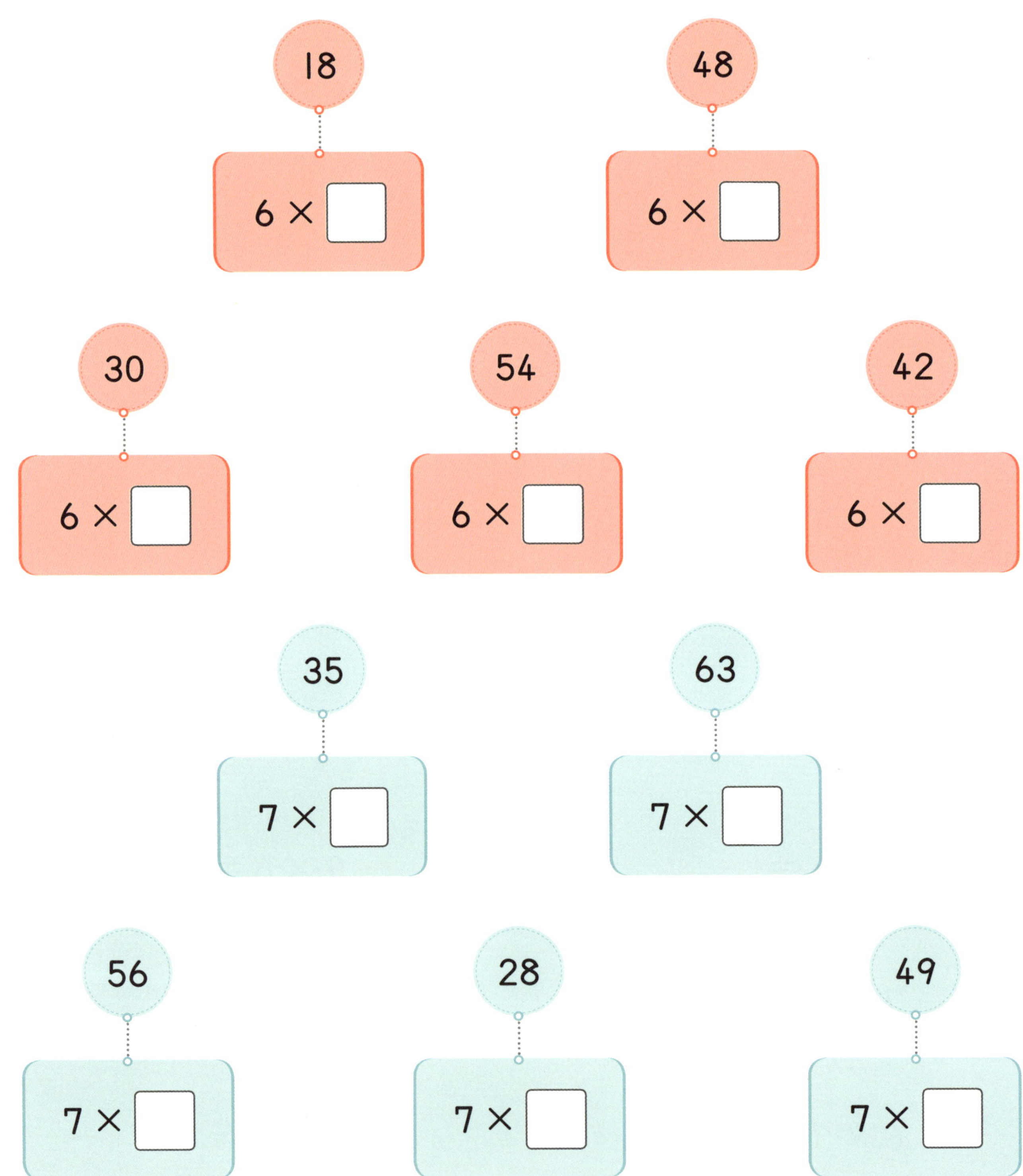

❂ 8단과 9단 곱셈구구의 값입니다. 빈칸에 알맞은 수를 써넣으세요.

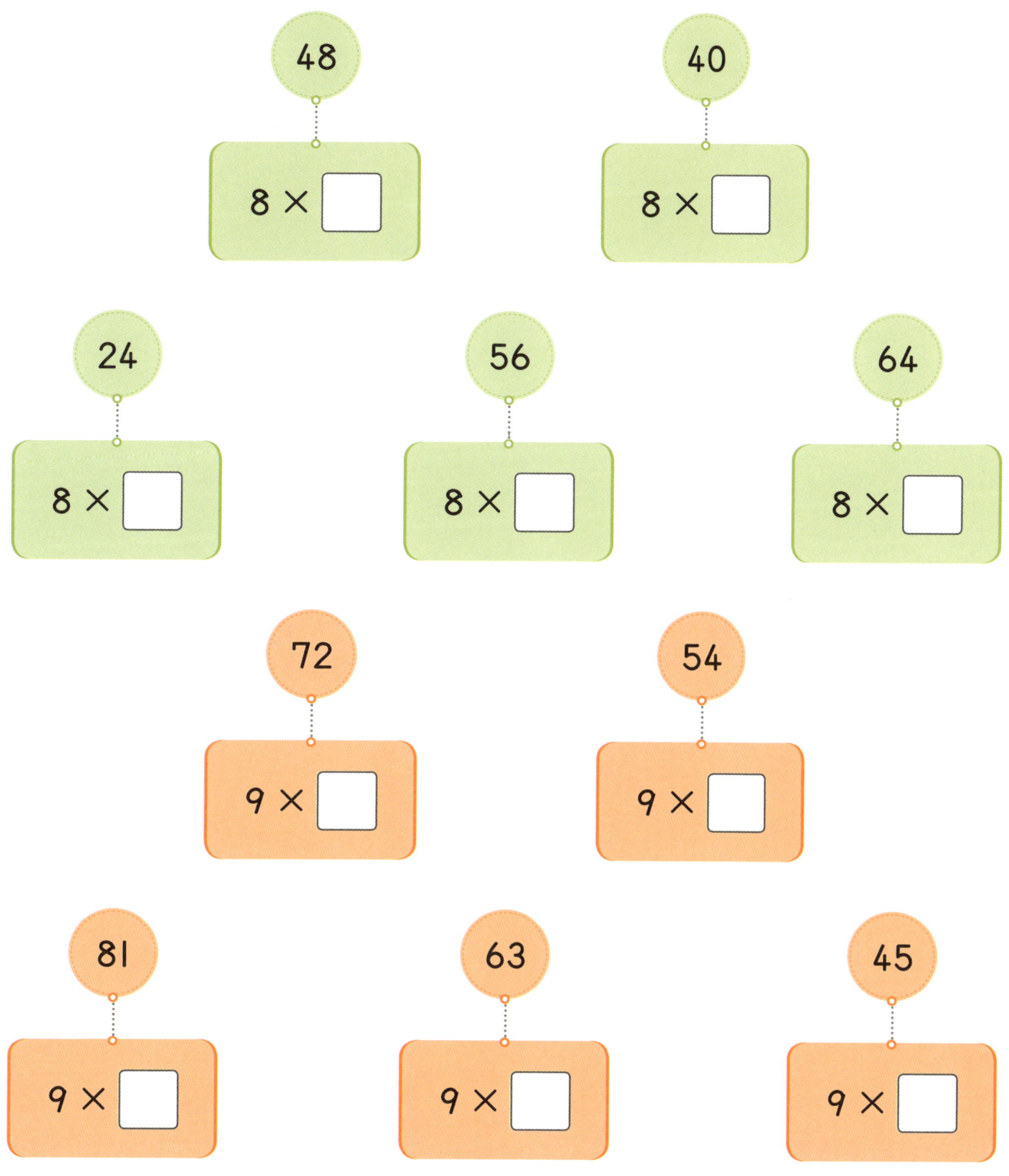

곱셈식 만들기

⚙ 알맞은 수에 ◯표 하세요.

$6 \times \boxed{4 / 5} = 24$

$\boxed{6 / 7} \times 5 = 35$

$7 \times \boxed{6 / 7} = 49$

$\boxed{6 / 7} \times 8 = 48$

$8 \times \boxed{8 / 9} = 72$

$\boxed{7 / 8} \times 7 = 56$

$9 \times \boxed{3 / 4} = 27$

$\boxed{8 / 9} \times 6 = 54$

❀ 곱셈구구의 값을 보고 곱셈구구의 두 수를 정하여 써넣으세요.

$$5 \times 7 = 35$$
$$7 \times 5 = 35$$

$$\underline{} \times \underline{} = 54$$
$$\underline{} \times \underline{} = 54$$

$$\underline{} \times \underline{} = 42$$
$$\underline{} \times \underline{} = 42$$

$$\underline{} \times \underline{} = 24$$
$$\underline{} \times \underline{} = 24$$

$$\underline{} \times \underline{} = 63$$
$$\underline{} \times \underline{} = 63$$

$$\underline{} \times \underline{} = 36$$
$$\underline{} \times \underline{} = 36$$

정답

01 12쪽 ~ 13쪽

02 14쪽 ~ 15쪽

03 16쪽 ~ 17쪽

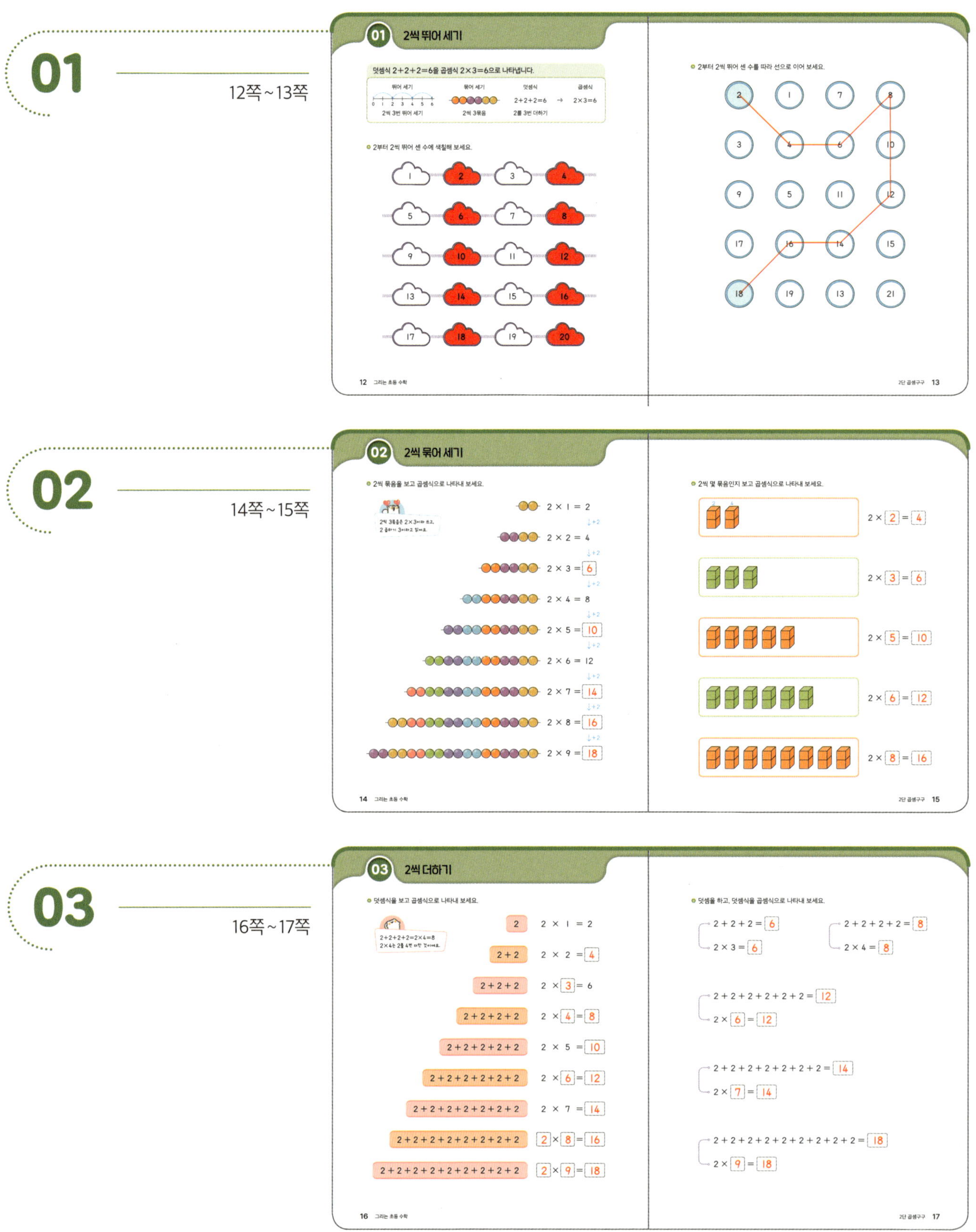

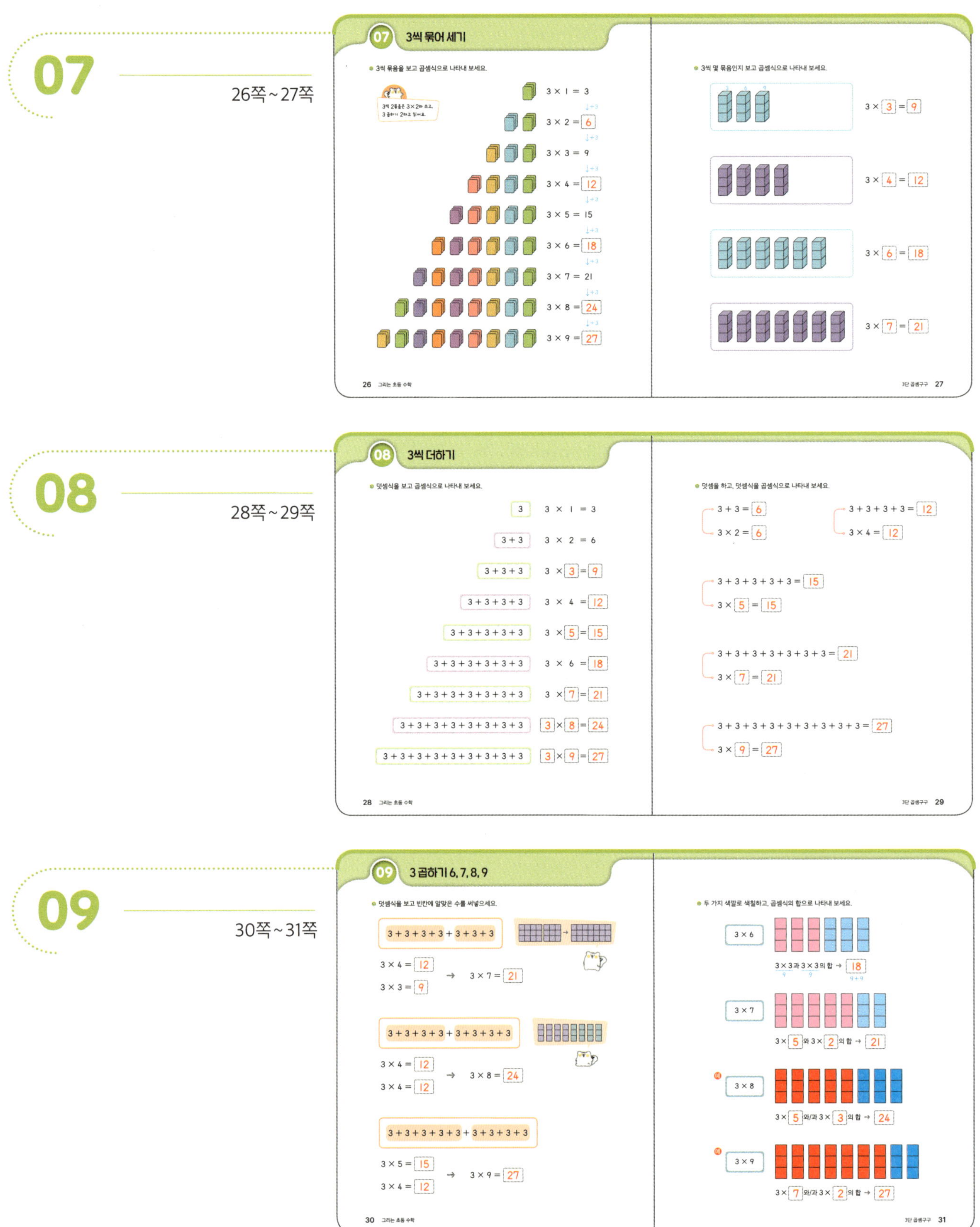
07
26쪽~27쪽
08
28쪽~29쪽
09
30쪽~31쪽

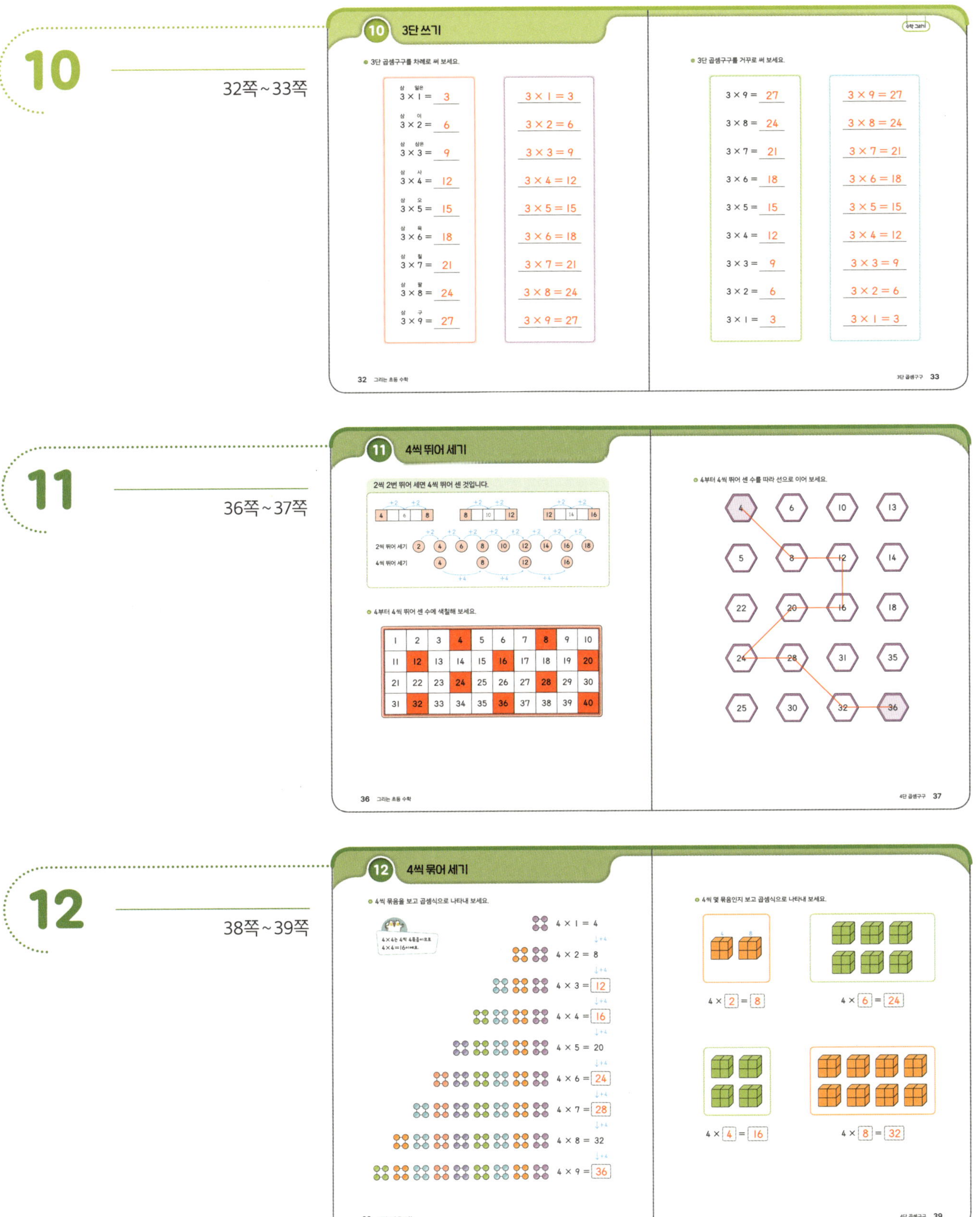

13   40쪽 ~ 41쪽

14   42쪽 ~ 43쪽

15   44쪽 ~ 45쪽

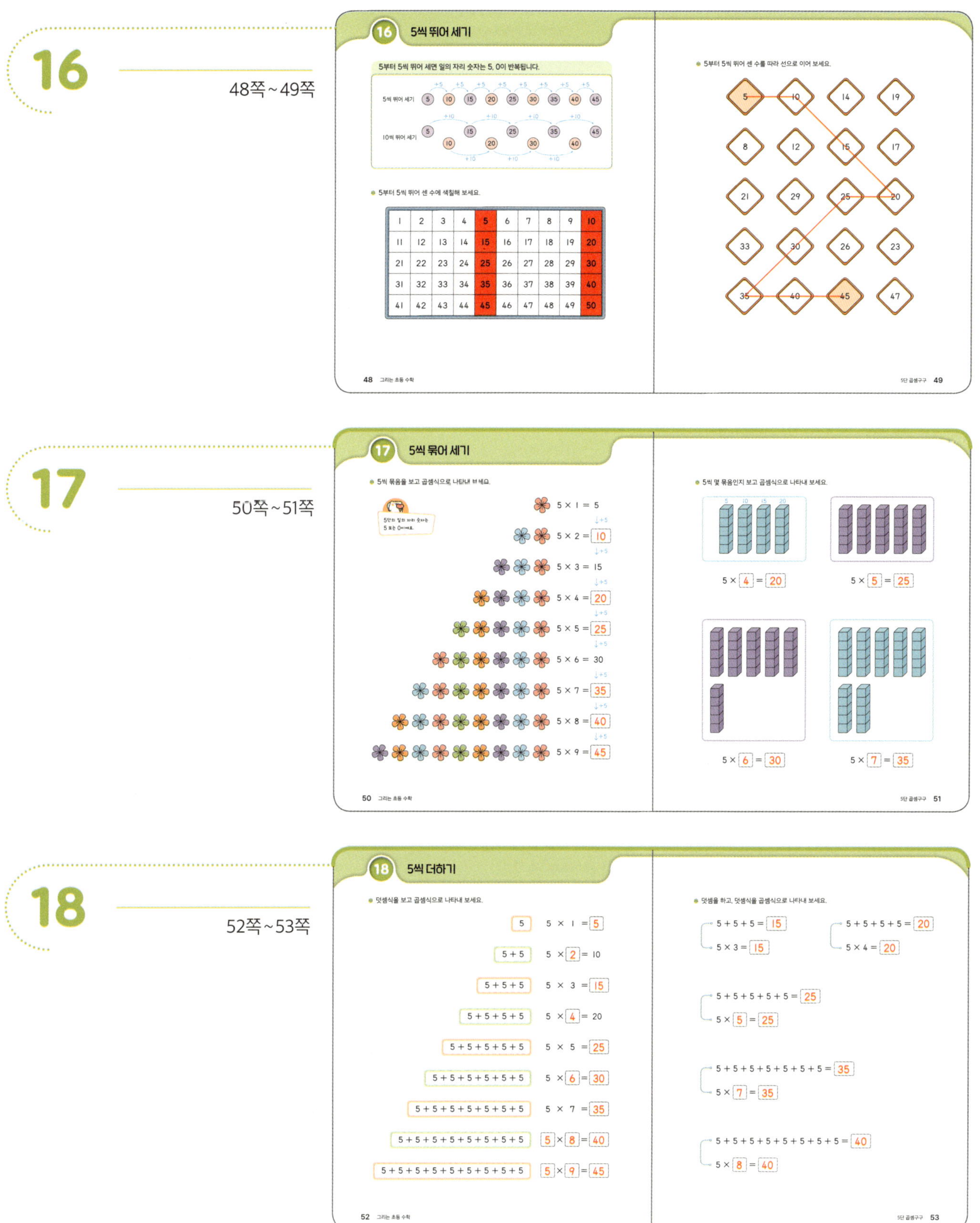

정답

19 54쪽 ~ 55쪽

20 56쪽 ~ 57쪽

21 60쪽~61쪽

22 곱하는 수가 같은 2~5단

빈칸에 알맞은 수를 써넣으세요.

2 × 2 = 4
3 × 2 = 6
4 × 2 = 8
5 × 2 = 10

2 × 3 = 6
3 × 3 = 9
4 × 3 = 12
5 × 3 = 15

2 × 4 = 8
3 × 4 = 12
4 × 4 = 16
5 × 4 = 20

2 × 5 = 10
3 × 5 = 15
4 × 5 = 20
5 × 5 = 25

빈칸에 알맞은 수를 써넣으세요.

2 × 6 = 12
3 × 6 = 18
4 × 6 = 24
5 × 6 = 30

2 × 7 = 14
3 × 7 = 21
4 × 7 = 28
5 × 7 = 35

2 × 8 = 16
3 × 8 = 24
4 × 8 = 32
5 × 8 = 40

2 × 9 = 18
3 × 9 = 27
4 × 9 = 36
5 × 9 = 45

62 그리는 초등 수학
2~5단 곱셈구구 63

23 2~5단 섞어 풀기

빈칸에 알맞은 수를 써넣으세요.

3 × 2 = 6
5 × 5 = 25
4 × 8 = 32
3 × 1 = 3
5 × 8 = 40
3 × 9 = 27
2 × 7 = 14
2 × 6 = 12
3 × 5 = 15

4 × 7 = 28
2 × 1 = 2
3 × 8 = 24
5 × 2 = 10
2 × 8 = 16
3 × 3 = 9
2 × 2 = 4
4 × 5 = 20
5 × 4 = 20

빈칸에 알맞은 수를 써넣으세요.

2 × 3 = 6
4 × 1 = 4
5 × 6 = 30
3 × 4 = 12
4 × 6 = 24
5 × 1 = 5
4 × 2 = 8
4 × 9 = 36
2 × 5 = 10

4 × 4 = 16
3 × 7 = 21
5 × 3 = 15
2 × 4 = 8
5 × 7 = 35
4 × 3 = 12
2 × 9 = 18
5 × 9 = 45
3 × 6 = 18

64 그리는 초등 수학
2~5단 곱셈구구 65

24 곱하는 수 구하기

2단과 3단 곱셈구구의 값입니다. 빈칸에 알맞은 수를 써넣으세요.

14
2 × 7

6
2 × 3

12
2 × 6

16
2 × 8

10
2 × 5

21
3 × 7

12
3 × 4

24
3 × 8

18
3 × 6

27
3 × 9

4단과 5단 곱셈구구의 값입니다. 빈칸에 알맞은 수를 써넣으세요.

20
4 × 5

16
4 × 4

36
4 × 9

32
4 × 8

28
4 × 7

10
5 × 2

40
5 × 8

30
5 × 6

45
5 × 9

35
5 × 7

66 그리는 초등 수학
2~5단 곱셈구구 67

25 68쪽~69쪽

26 72쪽~73쪽

27 74쪽~75쪽

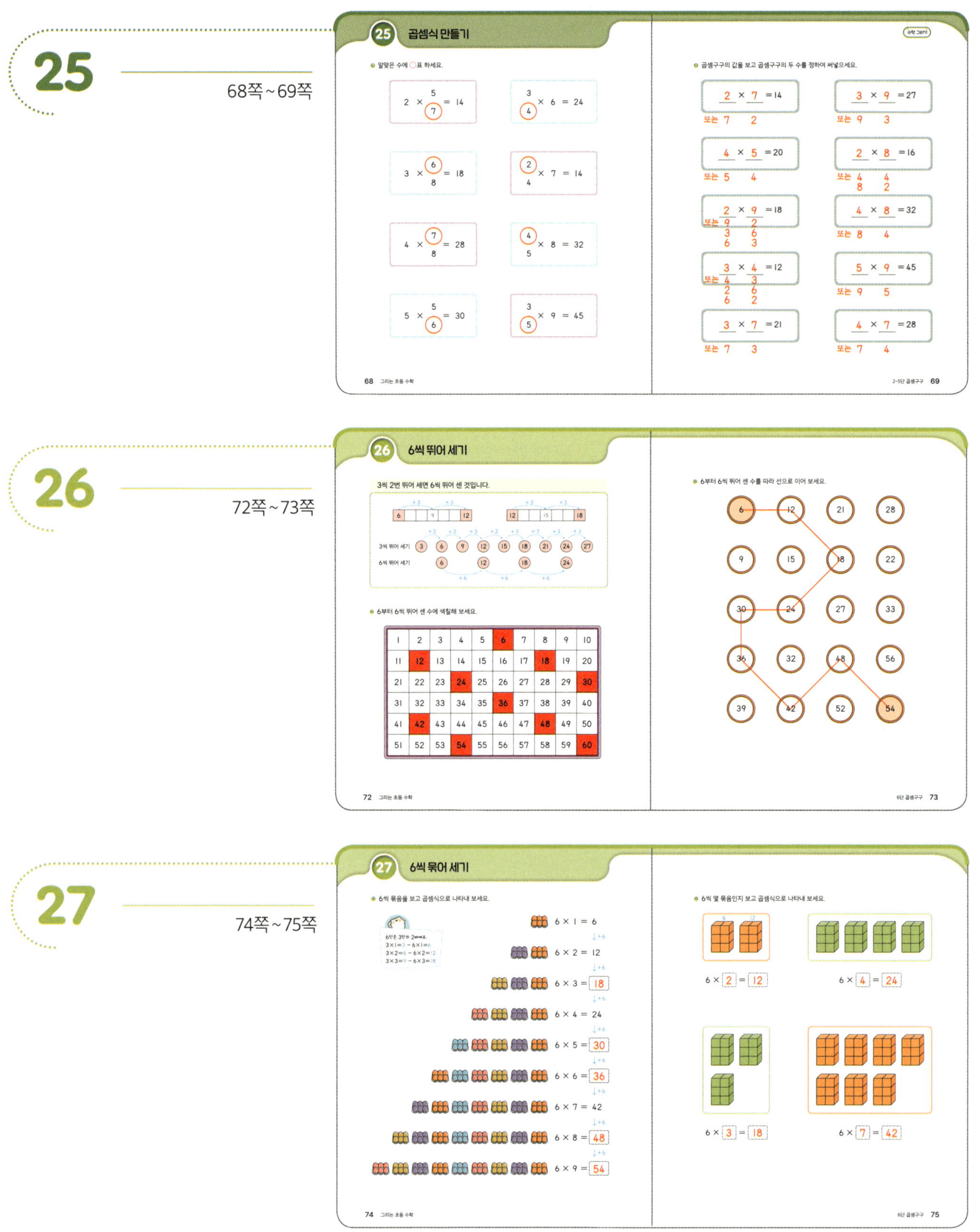

31 84쪽~85쪽

32 86쪽~87쪽

33 88쪽~89쪽

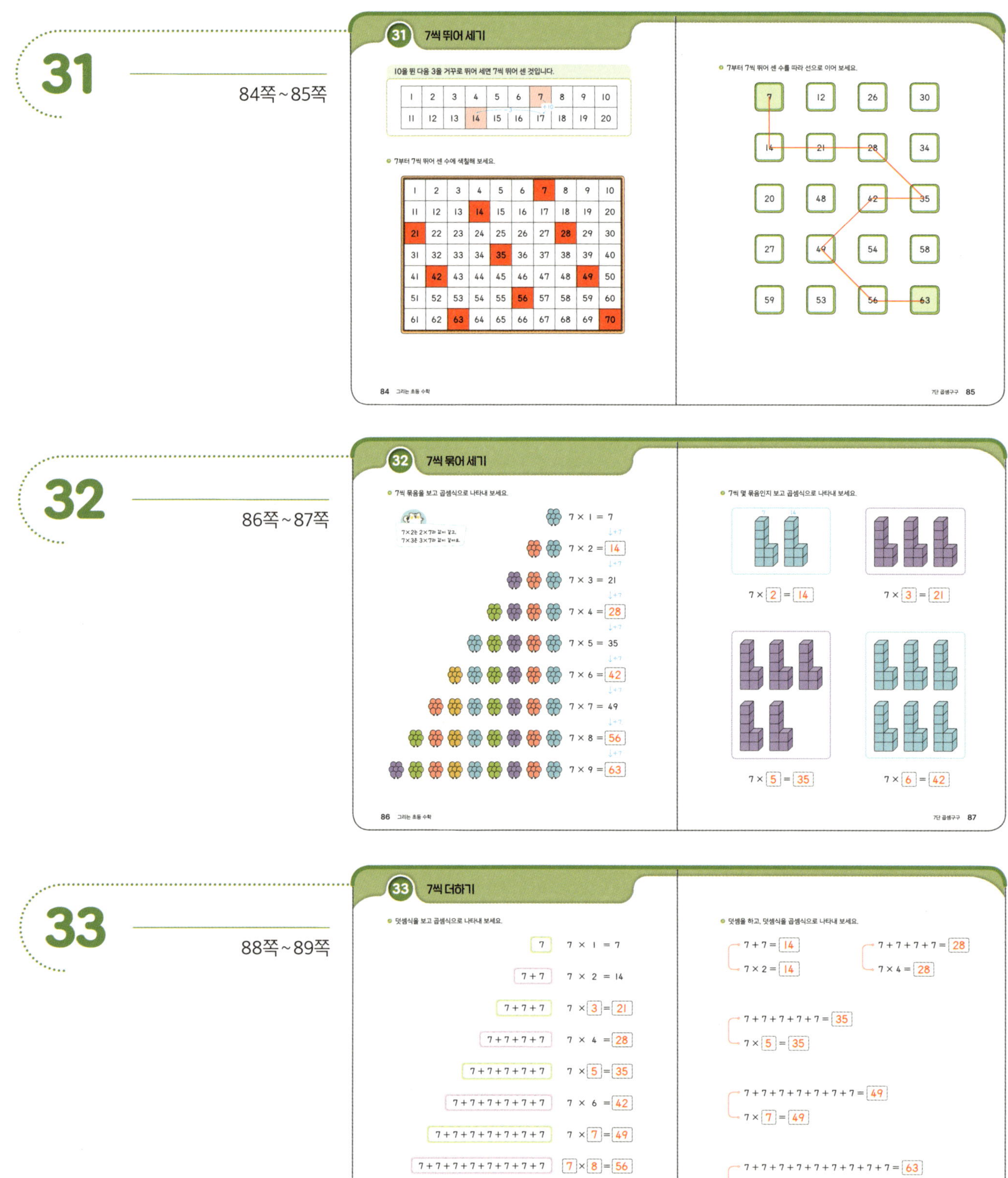

37 98쪽~99쪽

38 100쪽~101쪽

39 102쪽~103쪽

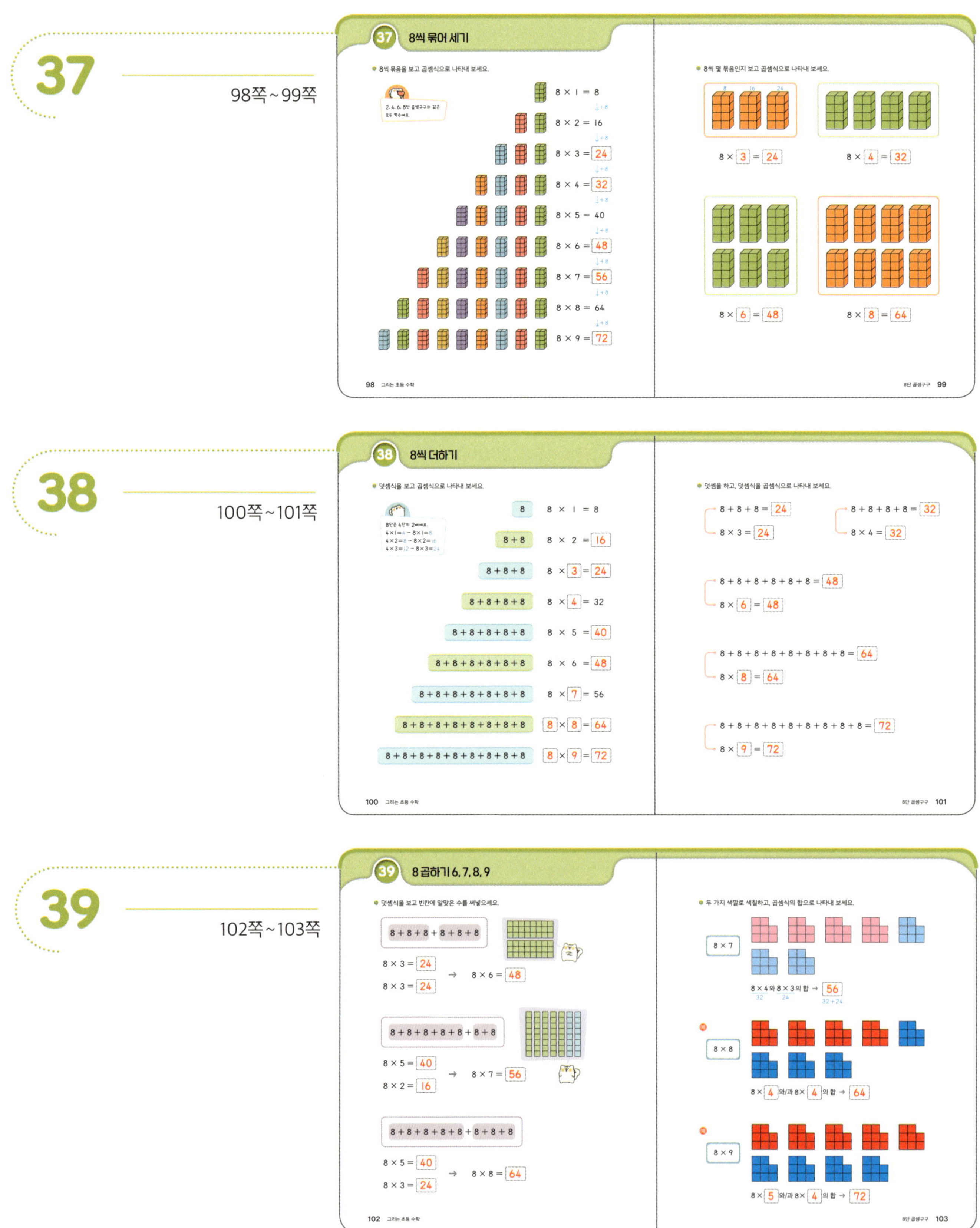

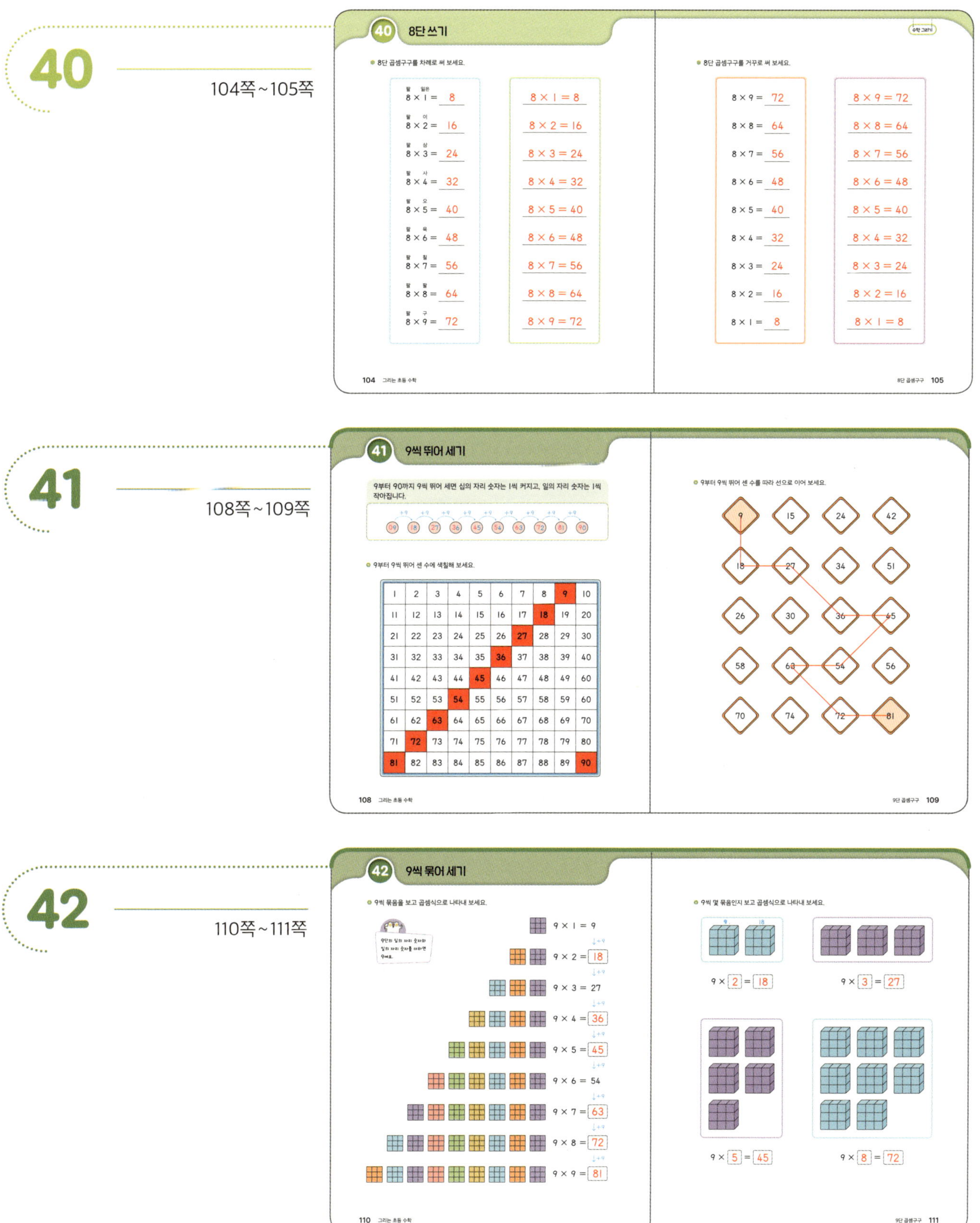

40
104쪽~105쪽
41
108쪽~109쪽
42
110쪽~111쪽

43 ——— 112쪽~113쪽

44 ——— 114쪽~115쪽

45 ——— 116쪽~117쪽

46
120쪽~121쪽
47
122쪽~123쪽
48
124쪽~125쪽

정답

49 126쪽~127쪽

50 128쪽~129쪽

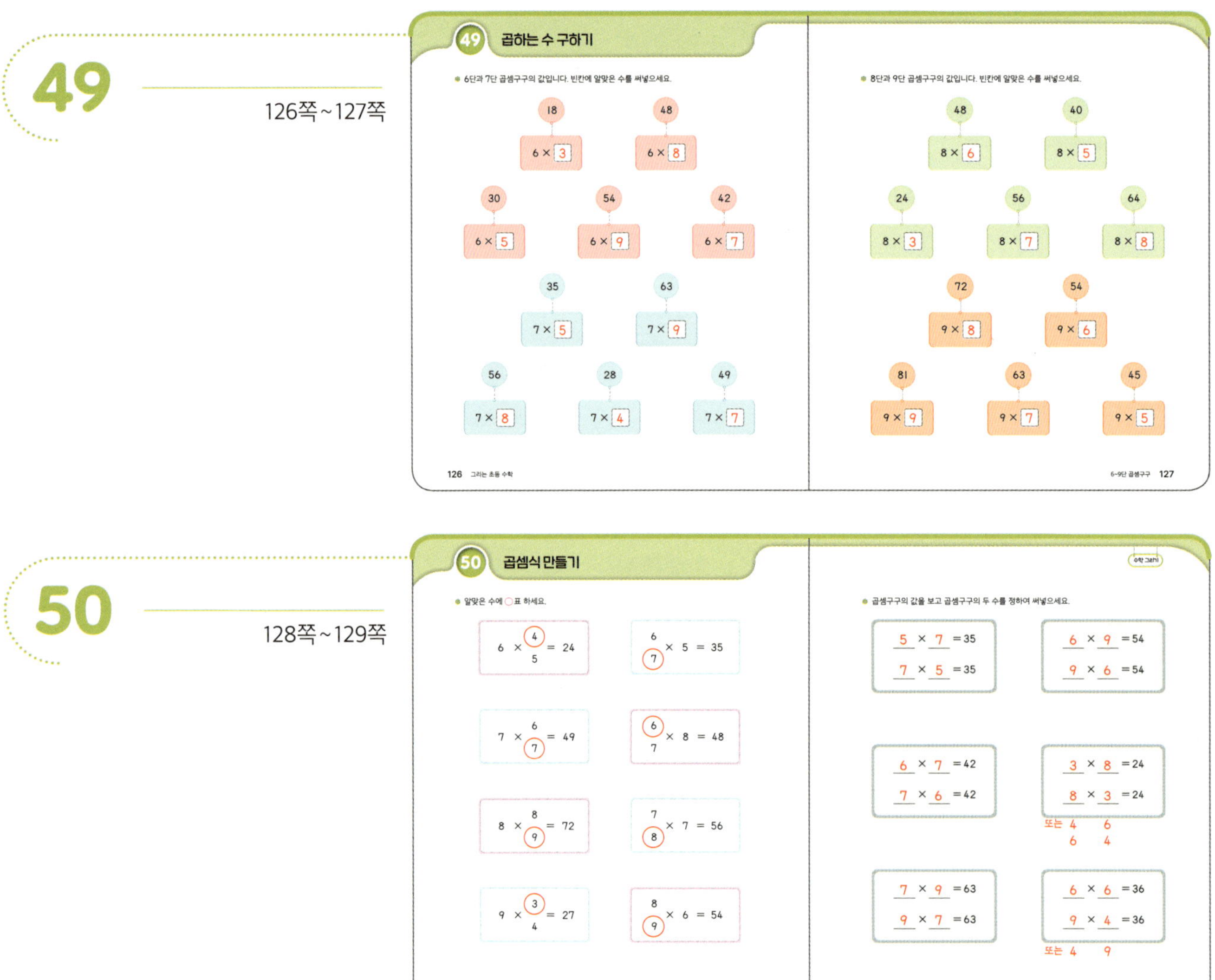